JN109772

写真でみる

Color Page

# 泡消火設備機器

# 危険物タンク等の泡消火設備（危険物施設・石油プラント等）

《危険物施設・石油化学プラント》

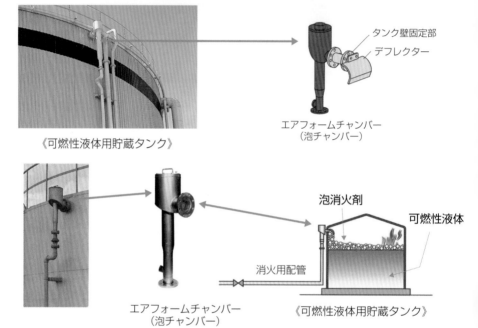

タンク壁固定部
デフレクター

エアフォームチャンバー
（泡チャンバー）

《可燃性液体用貯蔵タンク》

泡消火剤
可燃性液体

消火用配管

エアフォームチャンバー
（泡チャンバー）

《可燃性液体用貯蔵タンク》

＊1　エアフォームチャンバーを用いて，泡消火剤を貯蔵タンクの上部壁面より貯蔵
　　　タンク内に放出し，可燃性液体の液表面を覆って消火する方式です。（窒息消火）
　　　上部泡注入法といいます。

＊2　SSI方式（底部泡注入法）は，貯蔵タンクの底部より泡消火剤をタンク内に
　　　放出する方式で，泡消火剤は可燃性液体の中を浮上し，液表面を覆います。

SSI方式（液面下泡放出方式）

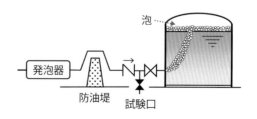

泡

発泡器

防油堤　　試験口

# 駐車場等の泡消火設備 （駐車場・自動車の整備工場等）

駐車場（設置例）

駐車場（放射例）

赤区画　　フォームヘッド

防護区画（色分け）

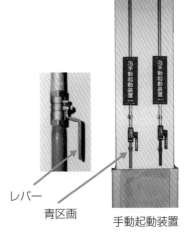

レバー

青区画

手動起動装置

# ◑ 航空機施設等の泡消火設備 ◐

（飛行機・回転翼航空機の格納庫，垂直離着陸機の発着場等）

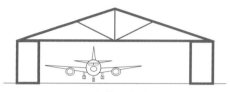
飛行機の格納庫

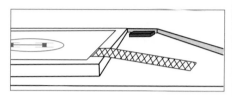
屋上のヘリポート

≪消火設備の例≫

泡発生機

フォームウォーター
スプリンクラーヘッド

泡モニターノズル

高架式泡消火栓

# ◑ 移動式泡消火設備 ◐

移動式泡消火設備（泡消火栓）

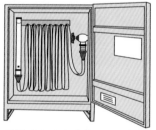
移動式泡消火設備（泡消火栓）

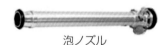
泡ノズル

消火栓箱内に泡消火薬剤
容器を設けるタイプ

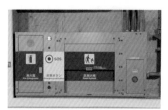
トンネル内(道路)
泡消火栓の例

# 泡放出口

## フォームヘッド

天井型（水成膜用）　　天井型（合成界面活性剤用）　　側壁型（水成膜用）

空気吸込み口
金網
デフレクター

フォームウォーター
スプリンクラーヘッド

エアフォームノズル

空気吸込み口

ピックアップチューブ
（泡消火薬剤容器に差し込んで，薬剤を吸い上げる）

泡モニターノズル

エアフォームチャンバー
（泡チャンバー）

# 〈発泡機〉

〈アスピレート型〉

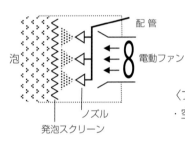

配管

電動ファン

泡

ノズル

発泡スクリーン

〈ブロワー型〉
・空気供給用の電動ファンがある。

# ○ 各種機器 ○

泡消防用設備

消火ポンプ室

ポンプ性能試験配管　　流量計

消火ポンプ制御盤

減水警報（表示灯）

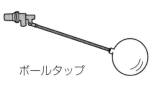

ボールタップ

圧力計　　　　　連成計

泡消火薬剤貯蔵タンク

フート弁

Y型ストレーナ

逆止弁（チャッキバルブ）

一斉開放弁

流水検知装置（湿式）

流水検知装置（乾式）

パッケージ型泡消火設備

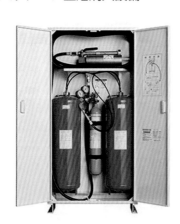

単位：mm

(写真・図等は一部を例示したもので，形状等が異なるものもあります)

8

よくわかる！

# 第2類
# 消防設備士
# 試験 筆記試験 ＋ 実技試験

近藤重昭【編著】

弘文社

# はじめに

　建築物の高層化・大規模化・用途の多様化が進む中，ますます人命の安全を第一とした消防用設備の整備と維持管理が求められ，火災の際最も適した最も効果的な消火方法が研究されています。

　消防設備士 第2類の消防設備は火災の種類では主にB火災（油火災）に適応し，危険物施設・駐車場・航空機格納庫などに設置されています。

　第2類の消防設備は防護対象物に泡消火剤を放射して消火するシステムで，第1類の消防設備が防護対象物に向けて水を放射して消火するシステムであることから，その設備構成は殆んど同じ様なものとなっています。

　第2類の消防設備が放射する泡消火剤は，水と泡原液を混合した水溶液に空気を混和して，泡消火剤を形成します。

　その泡消火剤により，防護対象物を泡で包み又は泡で可燃物と空気を遮断する窒息効果により，燃焼を抑えます。また，泡による冷却効果も若干ではあるが期待できます。

　この第2類消防設備を学習するにあたり，学習効率を高めるための大きな特徴的工夫として「カラーページ」を設けております。

　実際の設備機器類や泡消火剤の放出状態など，多くの「写真」や「絵図」を用いて視覚的に確認できるようにしました。

　また，「問題を解きながら知識を深める問題集」を念頭に置き，より分かりやすい言葉で分かりやすく解説をしましたので体感してください。

　以上のように，過去の概念に捉われない発想と工夫を配した本書の特徴を実感してくださることを期待いたします。

　そして，本書を手にされた皆様が「第2類 消防設備士」として第一線でご活躍されることを祈念いたします。

著者識

# 受 験 案 内

　建築物等は，その用途・規模・収容人員などに応じて**消防用設備等**又は**特殊消防用設備等**の設置・維持が法令等により義務付けられており，それらの**工事・整備等**を行うには**消防設備士**の資格が必要となります。

## ☐ 消防設備士の資格

○ 消防設備士の資格には**甲種**と**乙種**があり，**甲種**は**特類**及び**第1類～第5類**，**乙種**は**第1類～第7類**に区分されています。

○ **甲種**は下表の区分に応じた**工事・整備**を行うことができ，**乙種**は**整備**を行うことができます。（点検は整備に含まれます）

○ [免状の種類 と 取り扱うことができる設備等]

[免状の種類]

| 区　分 | 取り扱うことができる設備 | 甲種 | 乙種 |
|---|---|---|---|
| 特　類 | 特殊消防用設備等　　　　　　　　　　　　　　※1 | ○ | ― |
| 第1類 | 屋内消火栓設備，スプリンクラー設備，水噴霧消火設備，屋外消火栓設備，パッケージ型消火設備，パッケージ型自動消火設備，共同住宅用スプリンクラー設備 | ○ | ○ |
| 第2類 | 泡消火設備，パッケージ型消火設備，パッケージ型自動消火設備，特定駐車場用泡消火設備 | ○ | ○ |
| 第3類 | 不活性ガス消火設備，ハロゲン化物消火設備，粉末消火設備，パッケージ型消火設備，パッケージ型自動消火設備 | ○ | ○ |
| 第4類 | 自動火災報知設備，ガス漏れ火災警報設備，消防機関へ通報する火災報知設備，共同住宅用自動火災報知設備，住戸用自動火災報知設備，特定小規模施設用自動火災報知設備，複合型居住施設用自動火災報知設備 | ○ | ○ |
| 第5類 | 金属製避難はしご，救助袋，緩降機 | ○ | ○ |
| 第6類 | 消火器 | ― | ○ |
| 第7類 | 漏電火災警報器 | ― | ○ |

※1　総務大臣が，従来の当該消防用設備等と同等以上の性能があると認定した設備等

## ☐ 受験資格

○ **乙種消防設備士 試験** … 誰でも受験できます。（受験資格は必要ない）

○ **甲種消防設備士 試験** … 国家資格，学歴又は実務経験が必要です。

　• 乙種消防設備士免状の交付を受けた後2年以上工事整備対象設備等の整備の経験を有する者，又は工事の補助者として5年以上の実務経験者。

　• 実務経験のほか，定められた国家資格又は学歴による受験ができます。

## ☐ 試験の方法

◯ 甲種・乙種とも**筆記試験**と**実技試験**の 2 方式で行われます。

- **筆記試験** … 4 肢択一式でマークカードが用いられます。
- **実技試験** … 写真・イラスト・図面等による**記述式**で行われます。
  鑑別等と製図（甲種のみ）があります。（特類を除く）

◯ 筆記試験は各科目40％以上の正解で全体の出題数の60％以上の正解，かつ，実技試験60％以上の成績を修めた者が合格となります。

## ☐ 試験科目と問題数

| 第 2 類　試験科目 | | | 問題数 甲種 | 問題数 乙種 | 試験時間 |
|---|---|---|---|---|---|
| 筆記 | 基礎的知識 | 機械に関する部分 | 6 | 3 | 甲種特類 … 二時間四五分 / 甲種（特類以外）… 三時間一五分 / 乙種（全類）… 一時間四五分 |
| | | 電気に関する部分 | 4 | 2 | |
| | 消防関係法令 | 共通部分 | 8 | 6 | |
| | | 類別部分 | 7 | 4 | |
| | 構造・機能・規格（工事・整備） | 機械に関する部分 | 10 | 8 | |
| | | 電気に関する部分 | 6 | 4 | |
| | | 規格に関する部分 | 4 | 3 | |
| 筆記合計 | | | 45 | 30 | |
| 実技 | 鑑別等 | | 5 | 5 | |
| | 製　図 | | 2 | — | |

※特類は，工事整備対象設備等の構造・機能・工事・整備×15問，
火災及び防火×15問，消防関係法令×15問，合計45問（実技なし）

## ☐ 消防設備士試験の問合せ先

◯ 消防設備士試験の日程・受験資格・手続き方法など，試験に関する詳細は次のホームページで確認し，不明な点は下記にお問合せください。

（ホームページ）　http://www.shoubo-shiken.or.jp

◇ （一財）消防試験研究センター　中央試験センター

〒151-0072　東京都渋谷区幡ヶ谷 1 －13－20
TEL　03-3460-7798　　FAX　03-3460-7799

◇ （一財）消防試験研究センター　各道府県支部

# 目　　次

# 第1編　基礎的知識（機械・電気）

## 第1章　機械に関する基礎的知識

# 第2章　電気に関する基礎的知識

# 第 2 編　構造・機能・規格・工事・整備

## 泡消火設備について

# 第3編　消防関係法令（共通・類別）

## 第1章　共通法令

## 第2章　法令　類別 2類

# 第4編 実 技（鑑別等・製図）

## 第1章 鑑別等

## 第2章 製 図

# 第5編 模擬試験 問題と解説

# 第❶編 ─1

# 基礎的知識（機械・電気）

## 第1章
## 機　械

─ 学習のポイント ─

☆**機械に関する部分の出題**は，(1)水理，(2)機械力学，(3)機械材料の範囲からとされています。

☆**試験問題**は比較的広い範囲から出題されていますが，基本的な知識を確認する問題が多く見受けられることから，基本的な知識を確実に整理することがポイントとなります。

# 1 水　理

　第1・2類の消防用設備類は**水を用いる設備**であるので，この「水理」の項は特に重要な部分となります。

## 1 密度と比重

### 1 密　度

　密度は物質の 1 m$^3$ 又は 1 cm$^3$ が，何 kg 又は何 g であるかを表わしたものです。　即ち，**密度は物質の単位体積あたりの質量**といえます。
一般的に，密度の単位には〔g/cm$^3$〕が使用されます。
　**水は 1 気圧・4 ℃のとき，密度が最大で体積が最小**となることから，水はこの状態を基準とします。密度は **1 g/cm$^3$** となります。（＝1000 kg/m$^3$）
　気体の密度は，温度 0 ℃，1 atm（大気圧）における 1 m$^3$ の質量を kg で表わし，単位は〔kg/m$^3$〕となります。

### 2 比　重

　**比重**は，物質の密度（質量）と**同じ体積**の **4 ℃の水**の密度（質量）を比較したものをいいます。
　比重は次式から求めることができます。

$$比重 = \frac{物質の質量}{水の質量}（同体積） = \frac{物質の密度}{水の密度}$$

比重は密度を比較したものであるため，**単位を持ちません。**
- ▶比重の例 … 水：1.00　　海水：1.02　　鉄：7.87　　水銀：13.55
　　　　　　　　ガソリン：0.65〜0.8　　　　灯油：0.8
- ▶油が水に浮く現象は，油の比重が水より小さい（軽い）ためです。
- ▶油火災に水が使用できない理由は，油の比重が水よりも小さいため，水の表面に油が浮いたまま燃え広がることによります。

　気体の比重は「蒸気比重」といい，1 気圧・0 ℃の空気の重さと比較した値をいいます。（標準状態の空気密度：1.293 g/L）

# ❷ 圧 力

## ❶ 圧力とは

　圧力とは，物体の単位面積($m^2$)あたりに垂直に働く力(N)をいいます。

圧力は物体1 $m^2$に働く力が，何N（ニュートン）の力であるかを表わすことから単位は〔$N/m^2$〕となるが，一般的に〔Pa〕（パスカル）で表わします。

　1〔$N/m^2$〕＝1〔Pa〕であるので，簡単に読み替えができます。

　圧力は物体に働く力を，それを受けている面積で除して算出します。

$P$ 〔N〕

$A$ 〔$m^2$〕

$$圧力 = \frac{P}{A} \quad \begin{array}{l} \text{(N：全体の力)} \\ \text{($m^2$：面　積)} \end{array}$$

力の大きさにより次のような呼び方をします。

　100 Pa ＝ **1 hPa**（ヘクトパスカル），1000 Pa ＝ **1 kPa**（キロパスカル）

　1000 kPa ＝ 1 MPa（メガパスカル）

　　　　　（ 1 MPa ＝ 1 $N/mm^2$ ≒ 10 $kg/cm^2$）

 　　実践問題を解いてみましょう！

---

**【例題】** 幅80 cm 奥行き50 cm の鋼板がある。この鋼板に対して垂直に
10 N の力がかかっているとしたときの圧力として正しいものは次のうちどれか。

(1)　15 Pa　　(2)　20 Pa　　(3)　25 Pa　　(4)　40 Pa

---

〈解説〉

　圧力は〔物体に**働く力**÷**受けている面積**〕で算出します。

　〔Pa〕は〔$N/m^2$〕であるので，単位を合せるために鋼板の寸法をmの単位にします。 鋼板の面積は0.8 m ×0.5 m ＝ 0.4 $m^2$となるので，圧力は10 N ÷ 0.4 $m^2$ ＝ 25 〔$N/m^2$〕 ＝ 25 〔Pa〕となります。

　したがって，(3)が正解となります。

解答 (3)

## ❷ ゲージ圧力と絶対圧力

　圧力には，大気圧を基準（0）としたゲージ圧力と，完全真空状態を基準（0）とした絶対圧力があります。

　ゲージ圧力は，圧力計や連成計などの計器（ゲージ）により表示されます。大気圧を基準の（0）とし，大気圧より大きい圧力値を正（＋），小さい圧力値を負（－）として計器で表わします。

　絶対圧力は，完全真空状態が基準となるので［ゲージ圧力＋大気圧］の値となります。

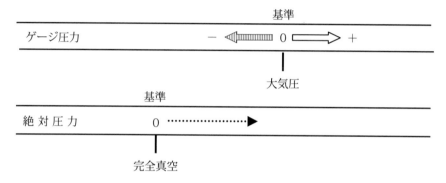

## ❸ 円筒の受ける圧力

　配管や消火器など円筒形をしたものが内部から圧力を受ける場合，円周方向の応力は，軸方向の応力の2倍の大きさとなります。すなわち，円周に沿った方向に引裂こうとする力が，軸方向に切断しようとする力の2倍であるということです。

（円周に沿って引裂こうとする力）　　　　（軸方向に切断しようとする力）

## ❹ 圧力の伝わり方

　固体に圧力を加えた場合，圧力の加わった一定方向のみに伝わります。
　液体や気体に加えた圧力は，あらゆる方向に同じ大きさで伝わります。

# ⑤ パスカルの原理

「密閉された容器内の液体の一部に圧力を加えると，その圧力は液体の各部に同じ大きさで，同時に伝わります」これがパスカルの原理です。

下図に示す断面積が $A_1$ のピストンに $P_1$ の力を加えると，**同じ大きさの圧力**が $A_2$ のピストンに伝わります。

圧力は同じであるので，下式 $P_1 / A_1 = P_2 / A_2$ が成り立ち，大きな断面積 $A_2$ の面全体に働く力は，加えた力 $P_1$ より大きなものとなります。小面積にかける小さな力で大面積に大きな力を発生させることができます。

力の関係は下式で表わすことができます。

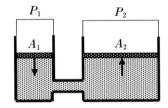

$$\frac{P_1}{A_1} = \frac{P_2}{A_2}$$

$$P_2 = \frac{P_1 \times A_2}{A_1}$$

この原理を応用したものにジャッキ，水圧機などがあります。

# ⑥ 水　圧

水圧は，**水槽の形状・底面の面積に係わりなく**，次式で算出できます。

$$P = \rho g h \quad [\text{Pa}] \qquad (P = \overset{\text{ロー}}{\rho} \times g \times h)$$

（$\rho$：水の密度1000 kg/m³，$g$：重力加速度9.8 m/s²，$h$：水深 m）

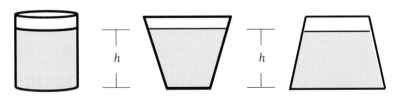

（$h$ が同じなら底面の形状・面積に関係なく，同じ水圧となる）

# ❼ 大 気 圧

**大気圧**とは，地表を覆う**空気の重さを示す圧力**のことをいいます。

上空に行くほど気圧が低くなるのは空気の層が薄くなるためです。

気圧は温度その他の条件により変化するため，地表付近での**標準大気圧**を
1気圧（1 atm）＝ 101325 Pa として基準が定められました。

大気圧は，**気圧計**や**水銀柱の高さ**などで表わすことができます。

**標準大気圧＝1気圧（1 atm と表記する）**

▶ **水銀柱**：760 mmHg ＝ 760 Torr（トル）

▶ **水　柱**：10.33 mAq ≒ **10 m**

▶ **気圧計**：1013 hPa ＝ 0.1 MPa

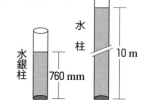

＊**水銀**を底面が 1 cm$^2$の細管に**760 mm** の高さまで入れたとき，又は，**水**を
底面が 1 cm$^2$の細管に約10 m の高さまで入れたとき，底面における圧力
は1気圧（約1 kgf/cm$^2$）に等しいということです。


# ❽ 絶対温度

日常生活では**セルシウス温度**（摂氏・℃）が用いられます。摂氏温度は1気
圧の状態で氷が溶ける温度を0 ℃，水が沸騰する温度を100 ℃として定めたも
のです。

**絶対温度**は，物質の分子や原子の運動を基準に定めた温度です。

物質の分子や原子の運動は温度を低下させていくと，理論上，運動が停止し
ます。このときの温度を**絶対0度**，**0（K）（零ケルビン）**としました。

摂氏温度では**−273 ℃**にあたります。

摂氏温度が $t$（℃）のときの絶対温度 $T$（K）は，次の通りとなります。

$$T（K）= t（℃）+ 273$$

# ⑨ ボイル・シャルルの法則

気体の体積は，温度が一定の場合は圧力と反比例します。すなわち，温度はそのままで，圧力を大きくすると体積は小さくなり，圧力を小さくすると体積は大きくなるという理論です。これを**ボイルの法則**といいます。

また，圧力はそのままで温度を上下させると，体積は温度の上下と比例して変化します。これが**シャルルの法則**です。

上記の2つの理論をまとめたものが［ボイル・シャルルの法則］で，「気体の体積は，圧力に反比例し，絶対温度に比例する」となります。

体積を $V$，圧力を $P$，絶対温度を $T$ とすると，次式が成り立ちます。

$V_1 \cdot P_1 \cdot T_1$ が $V_2 \cdot P_2 \cdot T_2$ に変化した場合も同様に成り立ちます。

$$\frac{P\,V}{T} = 一定 \qquad \frac{P_1\,V_1}{T_1} = \frac{P_2\,V_2}{T_2} = 一定$$

（$V$：リットル，$P$：ニュートン，$T$（絶対温度）：$t\,℃+273$）

◇ **基礎知識に使われるギリシャ文字の例** ◇

| 大文字 | 小文字 | 読み | 用途例 |
|---|---|---|---|
| A | $\alpha$ | アルファ | 角度，係数 |
| B | $\beta$ | ベータ | 角度，係数 |
| Γ | $\gamma$ | ガンマ | 角度，比重 |
| Δ | $\delta$ | デルタ | 密度，変位 |
| E | $\varepsilon$ | エプシロン | ひずみ，誘電率 |
| H | $\eta$ | イータ | 変数，ポンプ効率 |
| Θ | $\theta$ | シータ | 角度，時定数 |
| Λ | $\lambda$ | ラムダ | 波長 |
| M | $\mu$ | ミュー | 摩擦係数 |
| Π | $\pi$ | パイ | 円周率 |
| P | $\rho$ | ロー | 密度，抵抗率 |
| Σ | $\sigma$ | シグマ | 応力 |
| T | $\tau$ | タウ | 時定数 |
| Φ | $\phi$ | ファイ | 直径 |

# ③ 流体の移動

## ❶ 流量・流積・流速

流体には液体や気体があります。配管の中を**流体**が一定の状態（定常流）で流れる場合，単位時間（秒）あたりに切断面（図 *A*・*B* 等）を通過する流体の量を**流量**，配管等の切断面の面積を**流積**，流体の流動する速さを**流速**といいます。

流量は $[m^3/s]$，$[L/s]$，流積は $[m^2]$，流速は $[m/s]$ で表わします。

それらの関係は **[流量＝流積×流速]** となります。

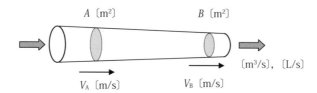

配管内は定常流であるので，*A*・*B* その他の切断面いずれにおいても流量は一定となります。つまり，流積が大きい所では流速が遅く，流積が小さい所では流速は速くなり，常に一定が保たれます。これを**連続の法則**といい，

**[流量 $= A \times V_A = B \times V_B =$ 一定]** となります。

## ❷ ベルヌーイの定理

上記①をより具体的に説明したものが**ベルヌーイの定理**で，「配管内を定常流で流体が流れる場合，流体は各切断面において**圧力エネルギー・速度による運動エネルギー・基準面からの高さによる位置エネルギー**を持っており，その**総和は常に等しい(一定)**」というものです。

すなわち，下図の $P_1 + V_1 + Z_1 = P_2 + V_2 + Z_2$ ということです。

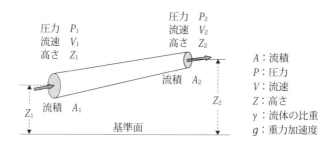

ベルヌーイの定理では，それぞれのエネルギーを水柱の高さに置き換えた水頭(すいとう)という言葉を用いて，「**速度水頭，圧力水頭，位置水頭の和は一定である**」と説明しています。

$$\frac{V^2}{2g} \quad + \quad \frac{P}{\gamma} \quad + \quad Z \quad = \quad 一定$$

| ⇩ | ⇩ | ⇩ |
|---|---|---|
| **速度水頭** | **圧力水頭** | **位置水頭** |
| (運動エネルギー) | (圧力エネルギー) | (位置エネルギー) |

※ベルヌーイの定理における流体は，定常流で，粘性が無く，非圧縮性であること。及び，外力は重力のみであることが前提条件となります。

※ベンチュリー管，マノメーター等は，この定理を応用しています。

## ❸ 摩擦損失

配管の中を流体が流れると，管と流体との接触面で摩擦抵抗が生じ，配管の手前と後方では管内の圧力の減少(図 $\Delta h$)となって現れます。

摩擦損失には次の性質があります。

**摩擦損失は，**　▶**管の長さ**〔m〕に**比例する。**

　　　　　　　　▶**流速**〔m/s〕の**2乗に比例する。**

　　　　　　　　▶**摩擦損失係数**〔$\lambda$〕に**比例する。**

　　　　　　　　▶**管の内径**〔m〕に**反比例する。**

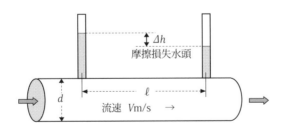

摩擦損失水頭を $\Delta h$〔m〕，$d$：管の内径，$\ell$：管の長さ，$V$：流速，$g$：重力加速度，$\lambda$：管摩擦係数とすると，次により表わします。

摩擦損失水頭　　　$\Delta h = \lambda \cdot \dfrac{\ell}{d} \cdot \dfrac{V^2}{2g}$　　〔m〕

# ④ ポ ン プ

ポンプには水などの流体を吸い込んで，吐き出す能力（揚水能力）があります。第1・2類の消防用設備においてポンプは重要な役割を担っています。

## ❶ 水 動 力

ポンプは，水に動力を与えて高い位置まで揚げたり，移動させる際に用いられます。**ポンプが水に与える動力を水動力**といい，揚げる高さを**揚程（ようてい）**といいます。

水動力は，[ポンプの**吐出量** $Q$〔m³/min〕× **全揚程** $H$〔m〕] により算出できます。このことは，密度 $\rho$〔kg/m³〕の水を1分間（60秒）で $H$ m まで揚げる時の動力と同じに考えることができます。

したがって，水動力は次式で求めることができます。

$$水動力 = \frac{\rho \times g \times Q \times H}{60（秒）}〔W〕$$

$$= 0.163 \times Q \times H 〔kW〕$$

$\rho$：水の密度〔1000 kg/m³〕
$g$：重力加速度〔9.8 m/s²〕

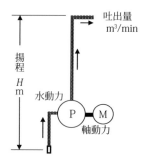

## ❷ 軸 動 力

**軸動力**は，電動機（モーター）がポンプを回転させるのに必要な動力です。必要な水動力を確保するには，水動力以上の軸動力が必要となります。

軸動力は，次式で求めることができます。

$$軸動力 = \frac{0.163 \times Q \times H}{\eta} \times k 〔kW〕$$

$\eta$：ポンプ効率（0.4〜0.8等），$k$：伝達係数（直結で1.1〜1.2）

## ❸ ポンプ効率

軸動力と水動力を比較した値を**ポンプ効率**といいます。

軸動力が効率よく水動力として水に伝わることが理想的ですが，実際は0.4～0.8（40％～80％）とポンプにより差があります。

ポンプ効率は下式により求めます。

$$\text{ポンプ効率}（\eta） = \frac{\text{水動力}}{\text{軸動力}} \times 100 \quad 〔\%〕$$

## ❹ ポンプ性能曲線

**ポンプ性能曲線**は，ポンプを一定の回転速度に保ったまま，吐出量を増加させたときの全揚程，軸動力，ポンプ効率の変化を表わしたものです。

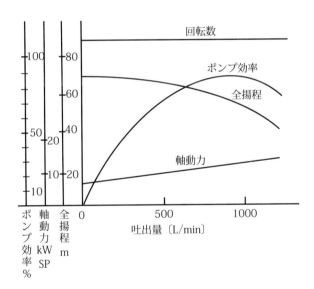

ポンプ性能曲線から次のことが読み取れます。

    (1)　吐出量が増えるにしたがい，全揚程は低下する。

    (2)　ポンプ効率は，一定の吐出量を超えると低下する。

    (3)　軸動力が上昇の中にあっても，前記(1)(2)の状態となる。

# 練習問題にチャレンジ！

## 問題 1

次の記述のうち，誤っているものはどれか。

(1) 完全真空を基準とした圧力を絶対圧力という。
(2) 標準圧力計で表示される圧力は絶対圧力である。
(3) ゲージ圧力に大気圧を加えた値が絶対圧力である。
(4) ブルドン管式圧力計で計測される圧力はゲージ圧力である。

〈解説〉　　　　　　　　　　　　　　　　　　　☞P18 参照

　圧力計や連成計などのように計器により表示する圧力を**ゲージ圧力**といい，完全絶対真空状態を基準とする圧力を**絶対圧力**といいます。

　ゲージ圧力は大気圧の大小に係わりなく表示されるが，絶対圧力はゲージ圧力に大気圧を加えた値となります。

　標準圧力計も計器ですからゲージ圧力となります。

解答　(2)

## 問題 2

　下図に示す水槽の底面における水圧として正しいものは，次のうちどれか。

(1) 294 hPa
(2) 343 hPa
(3) 401 hPa
(4) 470 hPa

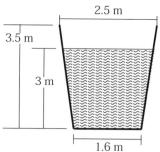

〈解説〉　　　　　　　　　　　　　　　　　　　☞P19 参照

　水圧は，水槽の形状・底面の面積に係わりなく，次式で算出できます。

$$P = \rho g h \qquad (P = \rho \times g \times h)$$

（$\rho$：水の密度1000 kg/m$^3$，$g$：重力加速度9.8 m/s$^2$，$h$：水深 m）

$P = 1000 \times 9.8 \times 3 \text{ m} = 29400 \text{〔Pa〕} = 294 \text{ hPa}$

解答　(1)

# 問題 3

　3気圧で15Lの気体を，温度はそのままで1気圧にした場合，気体の体積として正しいものは次のうちどれか。

(1)　0.2 L　　　(2)　5 L　　　(3)　15 L　　　(4)　45 L

〈解説〉
P21 参照

**ボイル・シャルルの法則**に関する問題です。

体積を $V$，圧力を $P$，絶対温度を $T$ とすると，次式が成り立ちます。

$$\frac{PV}{T} = 一定 \qquad \frac{P_1 V_1}{T_1} = \frac{P_2 V_2}{T_1} = 一定$$

本問では**温度が一定である**ので，算式は $P_1 V_1 = P_2 V_2$ となります。
よって，$3 \times 15 = 1 \times V_2$　$V_2 = 3 \times 15 = 45$ L となります。

　気体の体積は圧力に反比例することから，気圧が3分の1になったことにより，体積は3倍となります。

解答　(4)

# 問題 4

　配管の摩擦損失の記述のうち，正しいものはどれか。

(1)　配管の内径に比例する。
(2)　配管の長さに反比例する。
(3)　摩擦損失係数に比例する。
(4)　流速の2乗に反比例する。

〈解説〉
P23 参照

配管の摩擦損失には次の性質があります。

▶ **管の長さ**に比例する。　　▶ **流速の2乗**に比例する。
▶ **摩擦損失係数**に比例する。　▶ **管の内径**に反比例する。

したがって，(3)が正解となります。

解答　(3)

## 問題 5

下図は水圧機の原理の概要図である。ピストンAに5Nの力を加えたとき，ピストンBに発生する力は次のうちどれか。

ただし，ピストンBの断面積はピストンAの3倍である。

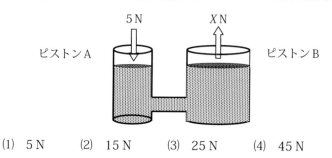

(1)　5 N　　(2)　15 N　　(3)　25 N　　(4)　45 N

〈解説〉

☞P19 参照

小面積にかける小さな力で大面積に大きな力を発生させることができます。**パスカルの原理**から次式が成り立ちます。

$$\frac{5\,\mathrm{N}}{A} = \frac{X\,\mathrm{N}}{B} \quad \Rightarrow \quad X\,\mathrm{N} = \frac{5\,\mathrm{N} \times B}{A}$$

$B = 3\,A$ であるから，$X\,\mathrm{N} = \dfrac{5\,\mathrm{N} \times 3\,A}{A} = 15\,\mathrm{N}$

よって，15 N となります。（全圧＝圧力×面積）

解答　(2)

## 問題 6

ベルヌーイの定理により説明のできないものは，次のうちどれか。

(1)　ピトーゲージ　　　　(2)　チャッキバルブ
(3)　航　空　機　　　　　(4)　ベンチュリー管

〈解説〉

☞P22 参照

ピトーゲージは圧力の測定に用いる計器であり，ベンチュリー管は配管の一部を細くして水圧などの調整を行なう部材です。また，航空機は翼の上下により揚力の調整を行います。チャッキバルブ（逆止弁）以外は，圧力に関係しているので説明可能です。

解答　(2)

## 問題 7

断面の直径が40 cm と20 cm の大小 2 つの断面をもつ配管があり，水が定常流で流れている。大きい方の断面における流速が60 cm/s である場合，小さい方の断面における流速は，次のうちどれか。

(1)　1.2 m/s　　　(2)　2.4 m/s　　　(3)　3.6 m/s　　　(4)　4.8 m/s

〈解説〉  P22 参照

配管内は定常流であるので，いずれの切断面においても**流量は一定**となり，**連続の法則**が成り立ちます。

したがって，流量＝流積×流速 $(A \cdot v_1 = B \cdot v_2)$ から求めます。断面積を先ず算出します。[円の面積] $= \pi r^2 = 3.14 \times (\text{半径})^2$

▸大きい方の断面積：$3.14 \times (0.2)^2 \, \text{m} = 0.1256 \, \text{m}^2$

▸小さい方の断面積：$3.14 \times (0.1)^2 \, \text{m} = 0.0314 \, \text{m}^2$

　　※選択肢の単位が〔m〕なので合わせておきましょう。

算式 $(A \cdot v_1 = B \cdot v_2)$ に数値を算入します。

$0.1256 \times 0.6 \, \text{m/s} = 0.0314 \times X \, \text{m/s}$

$X = 0.07536 \div 0.0314 = 2.4 \, [\text{m/s}]$

解答　(2)

## 問題 8

気圧は，水銀柱の高さで表示されることがあるが，水銀柱の高さが70 cm のときの気圧は次のうちどれか。

(1)　533.2 hPa　　　　(2)　578.8 hPa

(3)　933.0 hPa　　　　(4)　998.3 hPa

〈解説〉  P20 参照

1 気圧（1 atm）が1013 hPa，水銀柱の高さ76 cm（760 mmHg）であることが分かれば実に単純な問題です。すなわち，1013 hPa のとき76 cm であるから，70 cm のときは何 hPa であるかを求めます。

$1013 : 76 = X : 70 \quad \rightarrow \quad 76 \times X = 1013 \times 70$

$X = 70910 \div 76 = 933.02 \, \text{hPa}$ となります。

解答　(3)

# 2 力（ちから）

## 1 荷重とはり

### ❶ 荷　重

荷重とは，外部から力が働くことをいいます。荷重には次のようなものがあります。

**【荷重の働く方向による分類】**

① 引 張 荷 重：引き伸ばす力が働く荷重
② 圧 縮 荷 重：圧縮する力が働く荷重
③ せん断荷重：はさみ切る力が働く荷重
④ 曲 げ 荷 重：曲げようとする力が働く荷重
⑤ ねじり荷重：ねじろうとする力が働く荷重

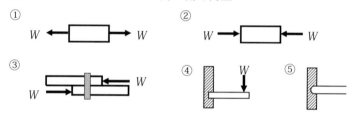

**【荷重の働く状態による分類】**

働く力の大きさや方向が時間に関係なく一定の荷重を**静荷重**といい，力の大きさや方向が時間により変化する荷重を**動荷重**といいます。

▶ **静 荷 重**　・集 中 荷 重 … 一点に集中してかかる荷重
　　　　　　　　・分 布 荷 重 … 全体又は一部の範囲にかかる荷重
▶ **動 荷 重**　・繰返し荷重 … 同じ方向の力を周期的に繰り返す荷重
　　　　　　　　・衝 撃 荷 重 … 急激にかかる荷重
　　　　　　　　・移 動 荷 重 … かかる力が移動する荷重
　　　　　　　　・交 番 荷 重 … 力の方向が繰り返し変わる荷重

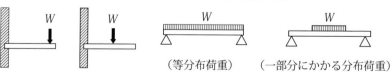

&lt;集中荷重の例&gt;　　　　　　　　&lt;分布荷重の例&gt;

（等分布荷重）　　（一部分にかかる分布荷重）

# ❷ は り

　はり（梁）は，建築物や構造物などにおいて上部からの荷重を支えるために，柱と柱の間に架け渡される水平部材をいいます。

## 【はりの種類】　（　□：はり　　△：支点　　W：荷重　）

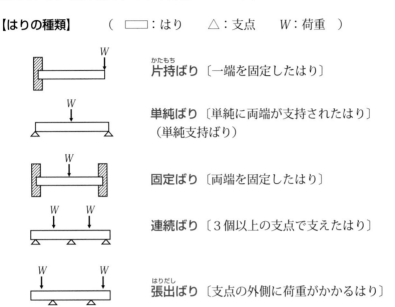

片持ばり〔一端を固定したはり〕

単純ばり〔単純に両端が支持されたはり〕
（単純支持ばり）

固定ばり〔両端を固定したはり〕

連続ばり〔3個以上の支点で支えたはり〕

張出ばり〔支点の外側に荷重がかかるはり〕

## 【はりと撓み】

　はりに大きな力が加わるとはりは変形して「たわみ」が発生します。

＜たわみの例＞

　たわみ量（たわみの大きさ）は，荷重の大きさ・種類，荷重と支点の距離，はりの形状などにより異なります。

　荷重の位置と支点の距離が短いものほど力の作用が小さくなるので，支点の多いはり，固定されたはりの「たわみ」は小さくなります。

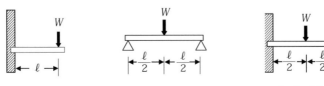

# 力の合成・分解

## ❶ 力の三要素

力の三要素とは，**力の大きさ・力の向き・力の作用点**をいいます。

① **力の大きさ** … **作用線の長さ**で大きさを表わします。
② **力 の 向 き** … **作用線の向き**で表わします。
③ **力の作用点** … **力が作用する位置**をいいます。

作用線は，作用点から力の作用する方向へ引いた線をいい，作用線の向き・長さは，力の向き・力の大きさを表わしています。

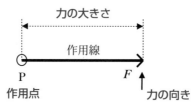

力や加速度などのように大きさと方向性をもつ量のことを**ベクトル**といい，質量・長さ・面積等のように単に大きさだけで決まる量のことを**スカラ**といいます。

## ❷ 力の合成

物体に2以上の力が作用するとき，同じ効果の1つの力で表わすことができます。これを**力の合成**といい，合成した力を**合力**と呼びます。

また，物体に働く1つの力を同じ効果のいくつかの力に分けることもできます。これを**力の分解**といい，分解した力を**分力**と呼びます。

### ＜力の合成＞のしかた

下図のように2つの力 $F_1 \cdot F_2$ を合成する場合は，$F_1 \cdot F_2$ を2辺とする平行四辺形をつくると，その平行四辺形の対角線「$F$」が2つの力の合力となります。

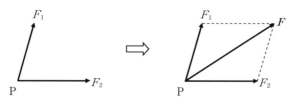

**【平行四辺形のつくり方】**

① 力 $F_1$ の先端から $F_2$ と平行に線を引く。

② $F_2$ の先端から $F_1$ と平行に線を引く。

上記①②で引いた線の交点を $F$ とすると，

**平行四辺形**（$P \to F_1 \to F \to F_2 \to P$）ができます。

対角線 $F$（$P \to F$）が**合力**となります。

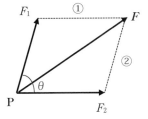

▶ 2 力の作用角度に関係なく平行四辺形の対角線が**合力**となります。

［例］

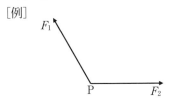  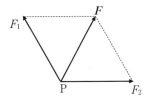

▶ **合力**は，直角三角形については算式 $F^2 = (F_1)^2 + (F_2)^2$ により，

直角以外の三角形は $F = \sqrt{(F_1)^2 + (F_2)^2 + 2F_1 \times F_2 \cos\theta}$ により

算出することができます。

# ❸ 力の分解

　力の合成とは逆に，物体に働く 1 つの力を同じ効果のいくつかの力に分けることを力の分解といい，分解した力を分力と呼びます。

## <力の分解>のしかた

　下図は，力「$F$」を対角線とする平行四辺形をつくって，$F_1 \cdot F_2$ の 2 力に分解した例です。

  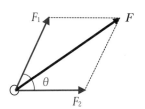

# ❹ 力と三角形

　力の平行四辺形は，合力である対角線を一辺とする 2 つの三角形からできており，辺の長さと角度は，**力の大きさと方向**を表わしています。

## 1．三角形の「辺の長さの比」から「他の辺の長さ」を求める方法

　三角形は，角度が同じであれば各辺の長さの割合は定まっており，これをもとに，**合力や分力の大きさを求める**ことができます。
　また，**三角形の内角の和は180度**と定まっています。

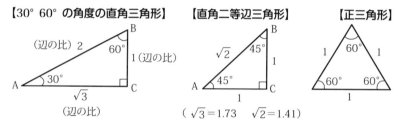

【30° 60° の角度の直角三角形】　【直角二等辺三角形】　【正三角形】

（ $\sqrt{3}=1.73$ 　 $\sqrt{2}=1.41$ ）

　上図は活用範囲の広い三角形で，知っておくととても便利です！

## 2．三角形の「一辺と角度」から「他の辺の長さ」を求める方法

　辺と角度の関係は，**sin**（サイン），**cos**（コサイン），**tan**（タンジェント）で表わします。　sin 30° cos 60° 等は比較する辺と角度を示しています。

| **sin** | ▶S の筆記体 ⟋ に**相当する辺を比較**します。 |
|---|---|
| （正弦） | ▶筆順方向で比較し，斜辺が**分母**となります。 |
| | ▶角度は ⟋ 字の書き出し箇所の**角度**をいいます。 |

sin 30° の例　　　　　　　　sin 60° の例

- sin 30°は，辺 AB と BC との**比較**となります。

$$\sin 30° = \frac{BC}{AB}\,{\small（辺の比）} = \frac{1}{2}\,{\small（辺の比）} = 0.5$$

したがって，sin 30° = 0.5 の値となります。
　また，同様の方法で sin 60° = BC／AB = $\sqrt{3}$／2 = 0.86 の値となります。
　この数値を三角関数といいます。

| cos |

（余弦）

▶ 筆記体の$C$に相当する辺を**比較**します。

▶ 筆順方向で比較し，C で挟む**角度**をいいます。

・ cos 30° は，辺 AB と AC との**比較**となります。

$$\cos 30° = \frac{AC}{AB} = \frac{\sqrt{3}}{2} = 0.86$$

$\therefore \quad \cos 30° = 0.86$ となり，

$\cos 60° = 0.5$ となります。

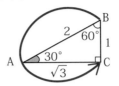

| tan |

（正接）

▶ 筆記体の$t$に相当する辺を**比較**します。

▶ 筆順方向で比較し，角度は書出しの**角度**をいいます。

$$\tan 30° = \frac{BC}{AC} = \frac{1}{\sqrt{3}} = 0.577$$

$\therefore \quad \tan 30° = 0.577$

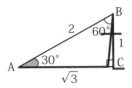

 実践問題を解いてみましょう！

【例題１】 下図の直角三角形における AB の力の大きさが30 N である
としたとき，BC の力の大きさを答えよ。

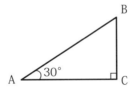

| | N |

〈解説〉

① 三角形の辺の比から求める方法

この三角形の辺の長さの比は AB：BC：AC ＝ 2：1：$\sqrt{3}$です。

辺の比から　AB：BC ＝ 2：1　　2：1 ＝ 30：$X$

$X$ ＝ 15となり，BC は15 N となります。

② 三角関数から求める方法

辺 AB と辺 BC の比であるから sin 30°となります。（**又は cos 60°**）

sin 30° ＝ 1／2 ＝ 0.5であるので 0.5 ＝ $\dfrac{BC}{30}$ となります。

BC ＝ 0.5×30 ＝ 15　　したがって，BC は15 N となります。

**応力とひずみ**

## ❶ 応　力

　物体や材料に荷重をかけると，荷重に対する抵抗力が物体の内部に生じます。この抵抗力を**応力**といいます。**応力と荷重**は，次のような関係にあります。
　　① 応力は，**荷重と同じ大きさ**である。
　　② 応力は，**荷重と正反対の向き**である。
　　③ 応力は，荷重がかかると**物体の内部**に生じる**抵抗力**である。

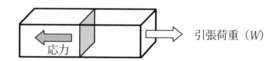

　　※物体の強度を超えた大きな荷重がかかると，物体は変形又は破壊されることになります。

　応力には，荷重の種類に対応した引張応力，圧縮応力，せん断応力，曲げ応力，ねじり応力があります。
　また，引張応力・圧縮応力は，物体の断面に垂直に働くことから**垂直応力**ともいいます。

## ❷ 応力の求め方

　**応力**（＝応力度）は，物体の単位面積（mm$^2$，m$^2$）あたりの力で表わします。

$$応力 = \frac{W \;\text{(荷　重)}\;\text{(N)}}{A \;\text{(断面積)}\;\text{(mm}^2\text{)}} \qquad \text{(N/mm}^2\text{)}\;(= \text{MPa})$$

　荷重など「力」の単位には N を，断面積には mm$^2$又は m$^2$を用います。したがって，応力の単位は〔N/mm$^2$〕又は〔N/m$^2$〕となりますが，**応力は圧力と同じく単位面積あたりの力**であることから，圧力と同じ単位の Pa（パスカル）も用いられます。

　　　1〔N/mm$^2$〕＝ 1 MPa（メガパスカル），1〔N/m$^2$〕＝ 1 Pa
　　**【参考】** 1 N ＝ 0.102 kgf　　9.8 N ＝ 1 kgf

**実践問題を解いてみましょう！**

【例題2】 図のように直径2 cm の丸棒で4 kN の重さの物体 W を吊り下げている。丸棒に生じる引張応力は次のうちどれか。

(1) 10.0 〔N/mm²〕
(2) 12.7 〔N/mm²〕
(3) 15.5 〔N/mm²〕
(4) 20.0 〔N/mm²〕

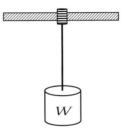

〈解説〉

応力は，「**荷重**」÷「**物体の断面積**」で算出します。

例題の選択肢の単位が〔N/mm²〕であるので，荷重は〔N〕に，断面積は〔mm〕に単位を合わせます。

▸荷重（W）は，4 kN（キロニュートン）＝ **4000 N**

▸丸棒は**直径2 cm** なので，半径は1 cm ＝ 10 mm になります。

丸棒の断面積（A）は，3.14×10 mm ×10 mm ＝ **314 mm²**

（丸棒など**円の断面積**は，$\pi r^2$＝3.14×**半径**×**半径**）

応力の算式により算出します。

$$応\ 力 = \frac{4000 \ (N)}{314 \ (mm^2)} ≒ 12.7 \ 〔N/mm^2〕$$

解答 (2)

• 計算問題は，単位をそろえることに注意して下さい！

• **引張応力・圧縮応力・せん断応力**は上記の方法で算出します。

• 「**曲げ応力**」は〔曲げモーメント÷断面係数〕，「**ねじり応力**」は〔トルク÷極断面係数〕という方法で算出します。（P41モーメントの項 参照）

※問題文の単位が計算のヒントとなるので，単位を大事にしましょう！

【例】〔N/mm²〕… 単位に【 ／ 】があるときは，**割り算**です。

即ち，〔**力÷面積**〕で求めるということです。

〔N・m〕… 単位に【 ・ 】があるときは，**掛け算**です。

〔**力×距離**〕で求めるということです。

### ③ ひずみ

物体や材料に荷重が加わると，物体の内部に応力が生じて外形的に変形が現れます。この変形した割合を「**ひずみ**」又は「**ひずみ度**」といいます。

ひずみには，**縦ひずみ，横ひずみ，せん断ひずみ**があります。

ひずみは，種類に係わらず［変形量÷元の量］で，算出することができます。

［例］　元の長さ $L_1$ の鋼棒に引張荷重をかけたところ，長さが $L_2$ に伸びた。この場合の縦ひずみを求めます。

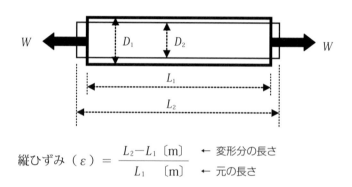

$$\text{縦ひずみ}（\varepsilon）= \frac{L_2 - L_1 \ \text{〔m〕}}{L_1 \quad \text{〔m〕}} \quad \begin{array}{l} \leftarrow \text{変形分の長さ} \\ \leftarrow \text{元の長さ} \end{array}$$

※ $D_1 \cdot D_2$ の変形は**横ひずみ**です。（力方向に伸びると細くなる）

※箱等を押すとズレて変形します。このズレが**せん断ひずみ**です。

※縦ひずみは $\varepsilon$（エプシロン），横ひずみは $\varepsilon'$，せん断ひずみは $\lambda$（ラムダ）で表します。

### ④ ひずみと弾性（だんせい）

ある限られた範囲の荷重であれば，物体に加えた荷重を取り去ると応力とひずみは消えて元の状態に戻ります。この性質を**弾性**といいます。

［例］　ゴムやスプリングなどに力を加えると「伸びる」「縮む」等の変形が起こるが，力を除くと元に戻ります。この性質が**弾性**です。

物体や材料に加える荷重が一定の限度を超えると，荷重を取り去ってもひずみの一部は残り，元の状態に戻らなくなります。この残るひずみを**永久ひずみ**といい，永久ひずみは消えることはありません。

以上のことから，物体や材料の弾性の限界を**弾性限度**といいます。

# ❺ 応力とひずみの関係

　応力に伴ってひずみが発生することから，応力とひずみは密接な関係があります。

　下図は機械材料の引張試験を行なった際の応力とひずみの関係を表わしています。 材料が異なっても，概ね図のような形状を示します。

[応力とひずみの関係線図]

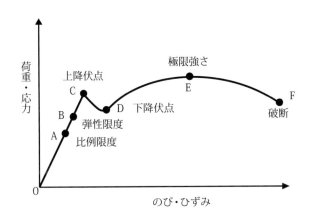

## ＜応力とひずみの関係線図の説明＞

- 0〜A：**比例限度**…ここまでは，**荷重**（応力）の大きさと**ひずみ**は**比例**して変化します。比例限度は，比例して変化する限界です。

- 　B　：**弾性限度**…ここまでなら，荷重を取り去ると応力とひずみは消えて元の状態に戻ります。元に戻る限界点です。

- 　B〜：Bを超えると，荷重を取り去っても「びすみ」の一部は「永久ひずみ」となり，元の状態に戻らなくなります。

- C〜D：荷重が増加しないにも係わらず，「ひずみ」が著しく増加します。

- D〜E：荷重の増加する割合よりも「ひずみ」の増加が大きくなります。

- 　E　：**極限強さ**…材料の強さの限界です。材料に対する最大荷重・最大応力の位置で，最大引張り強さの位置でもあります。

- E〜F：ひずみが著しく増加し，材料は極端に細くなります。

- 　F　：**破断点**…材料が破壊します。

## ＜用語の説明＞

### 【フックの法則】

▶「比例限度内では，ひずみは応力に比例して変化する」という法則です。（比例限度内とは，図０〜Ａの部分）

### 【クリープ】

▶荷重が変化しないにも係わらず，時間経過とともに連続的にひずみが増加する現象をいいます。（図Ｃ〜Ｄの部分）

### 【安　全　率】

▶荷重（応力）に対する材料の安全の度合いを表わしたもので，次式により求めることができます。

$$\text{安全率} = \frac{\text{破壊応力}}{\text{許容応力}} \quad \begin{array}{l}[\text{N/mm}^2]\\[1mm][\text{N/mm}^2]\end{array}$$

・破壊応力：材料の最大応力，極限強さ，引張強さのこと。
・許容応力：使用上，安全とされる最大応力のこと。
　※荷重は常に許容応力以下とする必要があります。
　※安全率の数値が大きいほど，安全といえます。

### 【疲れ破壊】

▶材料に繰り返し荷重がかかる場合等において，材料の疲れにより静荷重の場合よりも小さな荷重で破壊することを「疲れ破壊」又は「疲労破壊」といいます。

 実践問題を解いてみましょう！

【例題３】　引張り強さが750 N/mm$^2$の部材を使用するときの許容応力を250 N/mm$^2$とした。この場合の安全率を求めよ。

〈解説〉

・安全率を求める算式に数値を代入します。

$$\text{安全率} = \frac{\text{破壊応力}}{\text{許容応力}} \quad \Rightarrow \quad X = \frac{750}{250} \qquad \therefore \ \text{安全率は３となります。}$$

# ④ 力のモーメント

## ❶ モーメント

物体の軸を中心に回転させようとする力の働きを**力のモーメント**といいます。

モーメントは，$M =$ **(力の大きさ)×(軸から力までの距離)** で求めることができます。 モーメントの単位には〔N・m〕を用います。

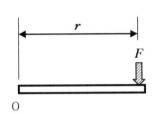

$$M = F \cdot r \quad \text{〔N・m〕}$$

$M$：モーメント 〔N・m〕
$F$：力の大きさ 〔N〕
$r$：軸から力までの距離〔m〕

**電動機**や**ボルト**等のように，回転軸を中心に回転させようとする力の働きには，モーメントと同じ概念の**トルク**が用いられます。

トルクは「ねじりモーメント」ともいいます。

 実践問題を解いてみましょう！

---

**【例題 4】** 下図に示すスパナを用いてボルトの中心から30 cm の位置に 5 N の力を加えた場合のモーメントは次のどれか。

(1) 0.6 〔N・m〕
(2) 1.2 〔N・m〕
(3) 1.5 〔N・m〕
(4) 6.0 〔N・m〕

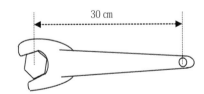

30 cm

---

〈解説〉

• 選択肢の単位が〔N・m〕であるので，30 cm を0.3 m にしてから，モーメントの算式に数値を入れます。

$M = 5 \times 0.3$ 従って，$M = 1.5$ となります。

解答 (3)

## ❷ 力のつり合い

### 【1】同じ向きで，平行な垂直力が働く場合

　下図のように丸棒の A 端に $F_1$，B 端に $F_2$ の力が働いてつり合っている場合の合力・合力の方向・作用点は，次により求めます。

　右図のように作用点の位置を O，作用点から A 端までの距離を $r_1$，作用点から B 端までの距離を $r_2$，合力を $F$，丸棒の全長を $r$ とします。

▶**合力の方向** … $F_1 \cdot F_2$ とも下向きなので，**下向き**となります。

▶**合力の大きさ** … 同じ向きなので，$F = F_1 + F_2$ となります。

▶**作用点の位置** … 作用点 O を中心として $F_1 \times r_1 = F_2 \times r_2$ のモーメントが**つり合う位置**となります。

　　**作用点の算式**　$r_1 = \dfrac{F_2}{F} \times r$　　$r_2 = \dfrac{F_1}{F} \times r$

### 【2】逆向きの平行な力が働く場合

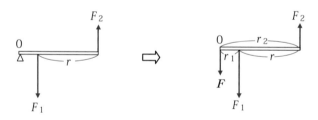

　力の向きが逆になるので，合力は $F_1$ と $F_2$ の差となります。

　力は，下向きの力を正（＋），上向きの力を負（－）として計算します。

　　▶**合力の大きさ** … $F = F_1 - F_2$

　　▶**作用点の位置** … 【1】と同じ算式を用いて算出します。

※力の方向が反対で大きさが等しい平行の力は，合成することができず物体は回転します。このような力の組み合わせを**「偶力」**といいます。

## 【3】物体が吊り下げられている場合

図のように荷重「$W$」が吊り下げられているということは，固定点 P において $W$ と同じ大きさの反対向きの力(反力)$W'$ が同一作用線上で働いていると考えることができます。$W$ と $W'$ はつり合う関係にあります。

また，2点で吊り下げている場合は，2力の合力と $W$ のつり合いとなります。

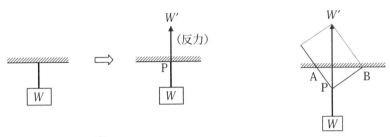

 実践問題を解いてみましょう！

**【例題 5】** 吊り下げられた長さ 2 m の鋼棒の A 端に20 N（$F_1$）B 端に 60 N（$F_2$）の力が鋼棒と直角に働いている。この鋼棒が水平を保つための作用点の位置，合力の大きさを求めよ。

〈解説〉

下図のように作用点の位置を O，作用点から A 端までの距離を $r_1$，作用点から B 端までの距離を $r_2$，合力を $F$ として算出します。

▶**合力の大きさ** … $F_1F_2$が同じ向きなので，$F = 20 + 60 = 80$ N となります。

▶**作用点の位置** … 次式により求めます。

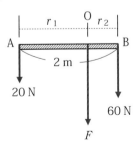

$$r_1 = \frac{60}{80} \times 2.0 = 1.5\ \text{m}$$

$$r_2 = \frac{20}{80} \times 2.0 = 0.5\ \text{m}$$

従って，合力は80 N，作用点の位置は A 端から 1.5 m の位置となります。又は，B 端から0.5 m の位置となります。

# ⑤ 仕事と動力

## ❶ 仕 事

物体に $F$ 〔N〕の力を加えて，$S$ 〔m〕移動することを**仕事**といいます。
また，この時にした仕事の量を**仕事量**といいます。

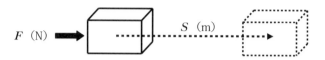

仕事量〔$W$〕は，加える力を $F$ 〔N〕，移動量を $S$ 〔m〕として求めます。
仕事量の単位は，〔N・m〕（ニュートンメートル）となります。

$$仕事量（W）= F \cdot S \qquad 〔N・m〕$$

仕事の単位

- ▶ 1 N・m は，物体を 1 N の力で 1 m 動かす仕事量をいいます。
- ▶ 1 N・m を 1 J（**ジュール**）ともいい，仕事の単位に使われます。
- ▶ 1 kgf・m ＝ 9.8 N・m ＝ 9.8 J

## ❷ 動力（仕事率）

単位時間（1 秒）で行う仕事の割合のことを**動力**又は**仕事率**といいます。
すなわち，仕事量 $W$ を時間 $t$ 秒で割ったものが動力となります。

$$動力（P）= \frac{W \text{（仕事量）}}{t \text{（時 間）}} \qquad 〔N・m/s〕, 〔W〕（ワット）$$
$$s：sec（秒）$$

**動力の単位**は〔N・m/s〕又は〔J/s〕となりますが，一般的には〔W〕
（ワット）が用いられます。

- ▶ 1 N・m/s ＝ 1 J/s ＝ 1 W（ワット）となります。
- 【参考】… ・ 1 馬力(PS) ＝ 735 W です。
-     ・動力は，〔力×速度〕で求めることもできます。

**実践問題を解いてみましょう！**

---

**【例題6】** 800 N の物体を，10秒間で 5 m 引き上げた場合の動力を単位〔W〕（ワット）で答えよ。

---

〈解説〉

　先ず仕事量を算出し，それに費やした時間(秒)で割れば動力となります。

▸ 仕事量 ➡ $(W) = 800 \times 5 = 4000$ 〔N·m〕

▸ 動　力 ➡ $(P) = \dfrac{4000 \text{(仕事量)}}{10 \text{(時間・秒)}} = 400$ 〔N·m/s〕

　1〔N·m/s〕 = 1 W であるから，400 W となります。

## ❸　仕事と摩擦力

　床等に接触している物体を動かそうとするとき，その外力に抵抗する力が接触面に働きます。この抵抗する力を**摩擦力**といいます。

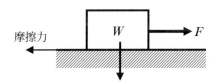

摩擦力 ⟵　$W$　→ $F$

　静止物体を動かすときに働く摩擦力を**静止摩擦力**といい，動いている物体に働く摩擦力を**動摩擦力**といいます。

　**摩擦力の大きさ**は，接触面にかかる**垂直圧力に比例**するため，**物体の質量に比例**します。接触面の大小は関係ありません。

　静止している物体に力を加えて動かす場合，動き出す時が最も大きい力を必要とします。この時の摩擦力を「**最大摩擦力**」といいます。

　**最大摩擦力**は，下記により算出します。

$$F = \mu \times W \quad \text{〔N〕}$$

$\mu$：摩擦係数（ミュー）
$W$：接触面にかかる圧力（荷重）

※傾斜面における最大摩擦力は，$F = \tan\theta \times W$ となります。

## ❹ 滑 車

　滑車を組み合わせると，小さな力で重量物を移動させることができます。この原理を利用したものにクレーンなどがあります。

　組み合わせ滑車には，固定されている**定滑車**とロープを引くと移動する**動滑車**があります。　**定滑車は力の方向を変える働き**をし，**動滑車は力の大きさを変える働き**をします。

### ＜動滑車のはたらき＞

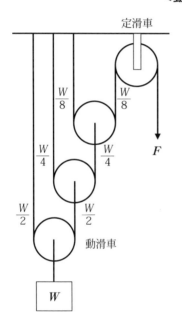

- 動滑車は 2 本のロープで重量物を引き上げるため，$F$ 側に伝わる力は重量 $W$ の半分となります。
- 2 番目の動滑車では，重量 $W$ の半分となった重量を 2 本のロープで支えるため，重量はさらに半分となります。
- したがって，動滑車を 1 個増やすごとに，重量の半分が軽減されることになります。

**動滑車を複数用いたときの引く力「$F$」は，次式により算出します。**

$$F = \frac{W}{2^n}$$

$n$：動滑車の数
　上図の場合は 3 個なので，$2^3$ で計算します。

※複数の動滑車を用いると**引く力は小さくなる**が，**ロープを引く長さが長くなる**ため，仕事量には変わりがありません。

# ❺ 運　動

　運動とは，物体が位置を変えることをいいます。運動には，直線運動・曲線運動・回転運動 などがあります。

❑ **運動量**：質量($m$)と速度($v$)の積が運動量となります。

$$運動量 = m \cdot v$$

❑ **速　度**：単位時間( 1 秒)に移動した距離の割合をいいます。

$$速　度 〔m/s〕 = \frac{変　位　〔m〕}{所要時間〔s〕}$$

❑ **加速度**：時間に対して速度が変化していく割合をいいます。

$$加速度〔m/s^2〕 = \frac{v_2 - v}{t}$$

〔$v$ の速度が，$t$ 時間後に，$v_2$ になった場合〕

❑ **自由落下運動**：力を加えることなく物が落下する運動をいいます。

$$v = v_0 + gt$$

〔速度：$v$，初速：$v_0$，重力加速度：$g = 9.8\,\mathrm{m/s^2}$，時間：$t$〕

❑ **投げ上げ運動**：ある速度で物体を投げ上げる運動をいいます。

$$v = v_0 - gt$$

〔速度：$v$，初速：$v_0$，重力加速度：$g = 9.8\,\mathrm{m/s^2}$，時間：$t$〕

## 【運動の法則】

「**ニュートンの運動の法則**」ともいい，次の内容となっています。

① **運動の第一法則（慣性の法則）**
・「物体に外力が加わらない限り，今までの状態を持続する」

② **運動の第二法則（運動方程式）**
・「物体に外力を加えると，加速度は加えられる力と同じ方向に生じ，力の大きさに比例し，物体の質量に反比例する」

③ **運動の第三法則（作用・反作用の法則）**
・「物体が他の物体に力を及ぼすと(作用)，他の物体も等しい大きさの反対方向の力を及ぼす(反作用)」という法則

# 練習問題にチャレンジ！ 力（ちから）

## 問題 9

**荷重についての記述のうち，正しいものは次のどれか。**

(1) 分布荷重は，材料の全体または一部の範囲に働く荷重である。

(2) 繰返し荷重は，力の方向が繰り返し変わる荷重のことをいう。

(3) 集中荷重は，材料の一点に集中して働く荷重で，動荷重の一種である。

(4) 衝撃荷重は，材料に急激に働く荷重のことで，静荷重として分類される。

〈解説〉 ☞ P30 参照

　**力の大きさや方向が時間に関係なく一定**である荷重を**静荷重**といい，**力の大きさや方向が時間により変化**する荷重を**動荷重**といいます。

　静荷重には集中荷重・分布荷重，動荷重には繰返し荷重・衝撃荷重・移動荷重・交番荷重などがあります。

　(1)が正しい記述をしています。 | 解答 (1) |

## 問題 10

**下図は，はりの断面図である。上下の曲げ荷重に対して最も強いものはどれか。但し，断面積，材質，長さは同一とする。**

A　　　　　　B　　　　　　C　　　　　　D

(1) A　　　(2) B　　　(3) C　　　(4) D

〈解説〉 ☞ P31 参照

　曲げに対する強さは，C → A → B → D の順に強くなります。
　　　　　　　　　　　弱　　　　　　　　　　強

　強度を必要とする部分に **H鋼** がよく使われます。 | 解答 (4) |

# 問題 **11**

図のように力 $F_1$ と力 $F_2$ が P 点で直角に作用しているとき $F_1$ $F_2$ の合力として正しいものは，次のうちどれか。

(1) 14.1 N
(2) 20.0 N
(3) 28.2 N
(4) 40.0 N

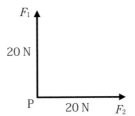

〈解説〉

P34 参照

$F_1$・$F_2$ を 2 辺とする平行四辺形の対角線が合力となります。

まず，$F_1$・$F_2$ を 2 辺とする力の平行四辺形を作ります。

$F_1$・$F_2$ の合力を対角線とする三角形は，直角二等辺三角形となります。

直角二等辺三角形の辺の比は $1:1:\sqrt{2}$（斜辺）と定まっているので，$F_1 (= F_2)$ と**合力**との辺の比は $1:\sqrt{2}$ となり，合力は $20\,\text{N} \times \sqrt{2}$ となります。

したがって，$20\,\text{N} \times 1.41 = 28.2\,\text{N}$ となります。

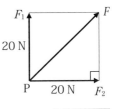

解答 (3)

# 問題 **12**

**応力についての記述のうち，誤っているものは次のどれか。**

(1) 応力は物体にかかる荷重と同じ向きである。
(2) 応力は物体にかかる荷重と同じ大きさである。
(3) 応力は物体に荷重がかかると物体の内部に生じる。
(4) 応力は物体にかかる荷重に対して発生する抵抗力である。

〈解説〉

P36 参照

物体や材料に**荷重**（外力）を加えると，荷重に抵抗して形状を保とうとする**抵抗力**が**物体の内部**に発生します。この抵抗力（内力）が**応力**です。

応力と荷重は，①**同じ大きさ**である。②**正反対の向き**である。③応力は荷重がかかると**物体の内部**に生じる。以上の関係にあります。

荷重と応力は**正反対の向き**であるので，(1)が誤りです。

解答 (1)

# 問題 13

　直径 4 cm の丸棒に 5 kN の圧縮荷重が加わっているとき，丸棒における圧縮応力として正しいものは，次のうちどれか。

　(1)　0.80 MPa　　(2)　1.25 MPa　　(3)　2.00 MPa　　(4)　3.98 MPa

〈解説〉　　　　　　　　　　　　　　　　　　　　　　　　　P36 参照

　**圧縮応力**は，**[荷重÷物体の断面積]** により算出します。

　選択肢の単位が MPa であるので，問題文の単位を N と mm に合せます。なぜなら，1 MPa = 1 〔N/mm$^2$〕であるからです。

　▶荷重($W$)は，5 kN(キロニュートン) = **5000 N**
　▶丸棒の断面積は，3.14 × 20 mm × 20 mm = **1256 mm$^2$**
　（円の断面積は，$\pi r^2$ = 3.14 × 半径 × 半径）

応力の計算式に数値を算入します。

$$応　力 = \frac{5000}{1256} \frac{〔N〕}{〔mm^2〕} = 3.98 〔N/mm^2〕又は〔MPa〕$$

解答　(4)

# 問題 14

　断面が 5 cm × 5 cm の角材がある。この角材の軸線と直角に 8 kN のせん断荷重が加わったとき，角材に発生するせん断応力は，次のうちどれか。

　(1)　0.3 MPa　　(2)　2.0 MPa　　(3)　3.2 MPa　　(4)　20 MPa

〈解説〉　　　　　　　　　　　　　　　　　　　　　　　　　P37 参照

　**引張応力・圧縮応力・せん断応力**の大きさは，次式により算出します。

　前問と同様に **[荷重÷物体の断面積]** による算出です。

　先ず，荷重は N の単位に，断面積は mm の単位に合わせます。

　▶荷重($W$)は，8 kN(キロニュートン) = **8000 N**
　▶角材の断面積($A$)は，50 mm × 50 mm = **2500 mm$^2$**

　よって，[8000 ÷ 2500] = 3.2 〔N/mm$^2$〕(= MPa) となり，(3)が正解となります。

解答　(3)

# 問題 15

　金属材料の鋼棒に引張荷重をかけたところ，60 cm のものが63 cm になった。この場合のひずみ度は次のうちのどれか。

(1)　0.05　　　　(2)　0.95　　　　(3)　1.05　　　　(4)　1.57

〈解説〉

P38 参照

**ひずみ度**は，一般的に**ひずみ**と呼ばれているものです。

**ひずみ**は荷重により**変形した量**と**元の長さ**を比較したもので，縦ひずみ，横ひずみ，せん断ひずみがあります。本問のひずみは，荷重の方向に変形しているので縦ひずみになります。

　元の長さを $L_1$，変形後の量を $L_2$ とし，次式で求めます。

$$ひずみ（\varepsilon）= \frac{L_2 - L_1 〔m〕}{L_1 〔m〕}　\begin{matrix}\leftarrow 変形分の長さ\\[4pt]\leftarrow 元の長さ\end{matrix}　（単位は付かない）$$

算式に，設問の数値を算入します。

$$ひずみ（\varepsilon）= \frac{63 - 60 〔m〕}{60 〔m〕} = 0.05$$

解答　(1)

# 問題 16

　応力とひずみの関係における「クリープ」について，正しい記述のものは，次のうちどれか。

(1)　縦ひずみと横ひずみの変化する過程をいう。
(2)　荷重に対する応力の比率が変化する過程をいう。
(3)　下降伏点から極限強さに至る間のひずみの増加現象をいう。
(4)　荷重が一定であるのに連続的にひずみが増加する現象をいう。

〈解説〉

P40 参照

**クリープ**とは，荷重が一定であるにもかかわらず，時間経過とともに連続的にひずみが増加する現象をいいます。

　上降伏点と下降伏点の間で起こる現象です。

解答　(4)

## 問題 17

　下図は金属材料の引張試験における応力とひずみの関係線図である。次の記述のうち正しいものはどれか。

(1)　A点を下降伏点という。
(2)　B点を弾性限度という。
(3)　E点を上降伏点という。
(4)　F点を極限強さという。

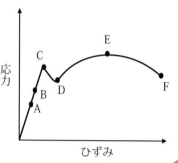

〈解説〉 👉 P39 参照

　図は材料の引張試験を行った際の**応力とひずみの状態**を表しています。各ポイントは次のとおりです。

▶ A：**比例限度** … 応力とひずみが比例して変化する限界
▶ B：**弾性限度** … 荷重を取り去るとひずみが消えて元の状態に戻る限界
▶ C：上降伏点，D：下降伏点（連続的にひずみが増加する部分）
▶ E：**極限強さ** … 強度の限界で最大応力となる。引張り強さともいう。
▶ F：破　　断 … 破壊点

| 解答 (2) |

## 問題 18

　引張り強さが600 N/mm$^2$の鋼材を使用するときの許容応力を250 N/mm$^2$とした場合，安全率として正しいものは，次のうちどれか。

(1)　0.4　　　　(2)　2.0　　　　(3)　2.4　　　　(4)　3.0

〈解説〉 👉 P40 参照

　**安全率**は，荷重（応力）に対する**材料の安全の度合い**を表わしたもので，材料等を**安全に使用するための数値**です。次式により求めます。

$$安全率 = \frac{破壊応力}{許容応力} \qquad 安全率 = \frac{600}{250} = 2.4$$

したがって，安全率は2.4となります。

| 解答 (3) |

# 問題 19

一端を固定した長さ2 mの鋼棒の自由端に5 kNの荷重をかけたときの最大曲げモーメントとして正しいものはどれか。

(1) 5 kN・m  (2) 10 kN・m  (3) 15 kN・m  (4) 20 kN・m

〈解説〉 P41 参照

ある軸又は回転軸を中心に**回転させる力の働き**が**力のモーメント**です。
設問を図で示すと次のようになります。

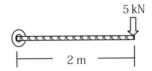

モーメント($M$)は，次式で求めることができます。

$$M = F \cdot r \quad (M = 力 \times 軸から力までの距離)〔N・m〕$$

上記算式に問題文の数値を代入します。
$M = 5$ kN $\times 2$ m $= 10$ kN・m となります。

解答 (2)

# 問題 20

下図のように長さ2 mの片持ちばりがある。このはりに18 Nの等分布荷重($W$)がかかったときの曲げモーメントとして正しいものは，次のどれか。

(1) 10 N・m
(2) 18 N・m
(3) 25 N・m
(4) 36 N・m

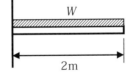

〈解説〉 P41 参照

等分布荷重は，荷重を受ける鋼材等の長さの中央に全荷重がかかるとして計算します。
したがって，$M = 1$ m $\times 18$ N，$M = 18$ N・m となります。

解答 (2)

# 問題 21

　吊り下げられた長さ 3 m の鋼棒の A 端に 40 N（$F_1$），B 端に 60 N（$F_2$）の力が鋼棒と直角に働いている。

　鋼棒が水平を保つための支点の位置，合力の大きさ，合力の方向についての記述のうち，正しいものは次のどれか。

(1) 合力の方向は上向きである。

(2) 合力の大きさは 50 N である。

(3) 支点の位置は A 端から 2 m の位置である。

(4) 支点の位置は B 端から 1.2 m の位置である。

〈解説〉

☞ P42 参照

　この問題はモーメントの延長線上にある問題です。

　下図のように支点の位置を 0，支点から A 端までの距離を $r_1$，支点から B 端までの距離を $r_2$，合力を $F$ として算出します。

▶ **合力の方向** … $F_1$・$F_2$ とも同じ向きなので下向きとなります。

▶ **合力の大きさ** … 同じ向きなので $F = 40 + 60 = 100$ N となります。

▶ **支点の位置** … 作用点の算式（下式）より求めます。

$$r_1 = \frac{F_2}{F} \times r \qquad r_2 = \frac{F_1}{F} \times r$$

算式に数値を代入

$$r_1 = \frac{60}{100} \times 3\,\text{m} = 1.8\,\text{m}$$

$$r_2 = \frac{40}{100} \times 3\,\text{m} = 1.2\,\text{m}$$

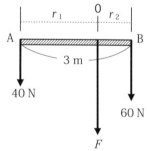

　したがって，支点の位置は A 端から 1.8 m の位置，B 端から 1.2 m の位置となるので，(4)が正しいことになります。

解答　(4)

# 問題 22

600 N の物体を10秒間で 5 m 引き上げた。このときの仕事量として正しいものは，次のうちどれか。

(1)　600 J　　　(2)　1200 J　　　(3)　3000 J　　　(4)　6000 J

〈解説〉

👉P44 参照

　物体に**力**（*F*）を加えて *S* m **移動**することを**仕事**といい，この時にした仕事の量を**仕事量**（*W*）といいます。次式により求めることができます。

$$W = F \cdot S \quad [\text{N} \cdot \text{m}] \qquad (仕事量 = 力 \times 移動量)$$

　よって，仕事量 = 600 N × 5 m = **3000** [N・m] となります。

　仕事量は，1 N・m = 1 J であるので，**3000 J** でもあります。

　上記より，(3)が正解となります。

| 解答　(3) |
| --- |

# 問題 23

重量300 kg の物体を20秒で10 m の高さに引上げたときの動力は，次のどれか。但し，重力加速度は9.8 m/s$^2$とする。

(1)　300 kgf・m　　　(2)　470 N・m/s

(3)　980 J/s　　　　　(4)　1470 W

〈解説〉

👉P44 参照

　問題文の中に重力加速度が附記されているときは，重力により引かれる分も仕事量に加えて算出する問題となります。

❏ 仕事量を算出します。

　▸ 仕事量　$W = (300 \times 10) \times 9.8 = 29400$ [N・m]

❏ 動力を算出します。

　▸ 仕事量　$W = 29400$ [N・m] 又は [J]

　▸ 動　力　$P = \dfrac{29400}{20} \begin{smallmatrix} (仕事量) \\ (時間・秒) \end{smallmatrix} = 1470$ [N・m/s] 又は [J/s]，[W]

　[N・m/s] = [J/s] = [W] であるので，正解は(4)となります。

| 解答　(4) |
| --- |

# 問題 24

　下図の滑車を用いて1600 N の物体 *W* を引き上げるのに必要な力 *F* として，正しいものは次のうちどれか。但し，滑車とロープの重量，摩擦は無視すること。

(1)　120 N
(2)　150 N
(3)　200 N
(4)　250 N

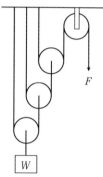

〈解説〉　　　　　　　　　　　　　　　　　　　　 P46 参照

　滑車には，固定されている定滑車とロープを引くと移動する動滑車があります。**定滑車は力の方向を変える働き**をし，**動滑車は力の大きさを変える働き**をします。

　動滑車の数が1個増えるごとに重量物の重量の半分が軽減されます。

　**引く力「*F*」を求める算式は，次のとおりです。**

$$F = \frac{W}{2^n}$$
　　・*n* は動滑車の数です。
　　・本問では3個ですから $2^3$ となります。

設問の数値を算式に代入します。

$$F = \frac{W}{2^n} \ \Rightarrow\ \frac{1600}{2^3} = \frac{1600}{8} = 200 \text{ N}$$

よって，引く力 *F* は200 N となります。

| 解答 | (3) |

## 問題 25

　水平な床面に置かれた700 N の物体を水平に動かすときの最大摩擦力は次のうちどれか。但し、摩擦係数は0.3とする。

(1)　210 N　　(2)　280 N　　(3)　350 N　　(4)　550 N

〈解説〉

P45 参照

　静止している物体が動き出す時が最も大きい力を必要とします。この時の摩擦力を「最大摩擦力」又は「最大静止摩擦力」といいます。

　最大摩擦力は、下式により求めることができます。

$$F = \mu \times W \quad [\text{N}]$$

μ：摩擦係数（ミュー）
W：接触面にかかる圧力（荷重）

　算式に設問の数値を代入します。

$$F = 0.3 \times 700 \quad \rightarrow \quad F = 210 \text{ N}$$

解答　(1)

## 問題 26

　静止状態の物体が自由落下を始めた。49 m/s の速度に達する時間として、正しいものは次のうちどれか。
　ただし、空気抵抗は無視できるものとする。

(1)　5 秒後　　(2)　8 秒後　　(3)　10 秒後　　(4)　12 秒後

〈解説〉

P47 参照

　自由落下は、次式で求めることができます。

$$v = v_0 + gt \quad （速度 = 初速 + 重力加速度 \times 時間）$$

　〔速度：$v$，初速：$v_0$，重力加速度：$g = 9.8 \text{ m/s}^2$，時間：$t$〕とします。

　問題の数値を上式に代入します。
　静止状態からの落下なので、初速は 0 となります。

$$49 = 0 + 9.8 \times t \quad \rightarrow \quad 49 = 9.8 t \quad \rightarrow \quad t = 5$$

従って、5秒後となります。

解答　(1)

1-1
機械に関する基礎的知識

2　力（ちから）　57

# ③ 機械材料

構造物や機械部品等には一般的に金属材料が用いられますが，金属の成分や性質を知り，使用目的に沿った材料を選ぶ必要があります。

## ❶ 金属の一般的性質

金属には一般的に次のような性質があります。

① 電気及び熱の良導体である。　　・電気伝導度の例：銀＞銅＞鉄

② 可鋳性，可鍛性がある。　　　　・展性，延性に富んでいる。

③ 金属は弾性体である。

④ 熱によって溶解する。　　　　　・融点の低いもの：すず
　　　　　　　　　　　　　　　　　　　高いもの：タングステン

⑤ 一般的に加熱すると膨張する。　・膨張率が大きいもの：鉛

⑥ 一般的に比重が大きい（重い）。・比重の小さい（軽い）もの：リチウム
　　　　　　　　　　　　　　　　　　最も比重の大きい（重い）もの：オスミウム

⑦ 金属には特有の光沢がある。

⑧ 一般的に金属は腐食する。　　　・金，白金は腐食しない。
　　　　　　　　　　　　　　　　　・アルミニウム，すず等のように表面に錆の
　　　　　　　　　　　　　　　　　　膜を造り，内部まで進行しないものもある。

## ❷ 鉄 と 鋼

鉄は単体で使用されることは少なく，鋼などの合金としたうえで，様々な特性を持たせて広い用途で使われています。

### 【炭 素 鋼】

▶炭素鋼は**鉄**と**炭素**の**合金**で，一般構造用材料として広く使用されています。

▶**炭素（C）**の**含有量**が多くなるほど**硬さが増す**が，硬くなるほど**もろく**なります。

▶鉄に加える炭素量や他の元素の添加により，鋼・鋳鉄・鋳鋼など様々な種類があります。

### 【特 殊 鋼】

▶鉄に炭素のほか，ニッケル・クロム・タングステン・モリブデンなど，1種類又は2種類以上を加えた「鋼」を**特殊鋼**といいます。

▶強度，耐食性，耐熱性に優れています。
　（例）ステンレス鋼（SUS），ニッケル鋼，クロム鋼などがあります。

## ❸ 非鉄金属

### 【銅・銅合金】

銅は電気や熱の伝導性が高く，展延性・耐食性に優れています。代表的なものとして次のものがあります。

> 黄　銅 … 銅と**亜鉛**の合金で，**しんちゅう**と呼ばれています。
> ▸圧延加工性，耐食性，機械的性質に優れている。海水には弱い。
> ▸銅合金としては最も広く使用されています。

> 青　銅 … 銅と**すず**（15％以下）の合金で，**ブロンズ**と呼ばれており，最も古い合金といわれています。
> ▸バルブ類，軸受け材，ポンプ部品などに使用されています。
> ▸耐食性，耐摩耗性，鋳造性に優れています。
> ▸**砲金**と呼ばれる鍛造性に優れているものがあります。
> ※このほか，銅に加える金属により，多数の銅合金があります。

### 【アルミニウム・アルミニウム合金】

> ▸軽量で加工性，耐食性，熱・電気の伝導性に優れています。
> ▸ジュラルミンは，アルミニウムに銅と少量のマグネシウム，マンガンを加えたアルミニウム合金の代表的なものです。
> ▸軽量で軟鋼程度の強さを持っています。

### 【は ん だ】 … 鉛とすずの合金で，金属の接合に用いられます。

## ❹ 合金の性質

金属は他の金属を加えて性質を変化させた**合金**として使用されることが一般的で，合金にすると金属の性質には次のような変化が生じます。

① 強度・抗張力は成分金属より一般的に強くなる。
② 硬度は一般的に増加する。
③ 可鋳性（か ちゅうせい）は一般的に増加する。　　　　（鋳物にしやすい性質）
④ **可鍛性**（か たんせい）は**減少**するか又はなくなる。　　（鍛造しやすい性質）
⑤ 化学的腐食作用に対する耐腐食性は増加する。
⑥ **電気や熱の伝導度**は若干**減少**する。
⑦ **溶解点**（融点）は，成分金属の平均値より**低く**なります。

# ⑤ 金属の熱処理

鋼その他の金属を「**加熱又は冷却**」を行って，性質を変化させることを**金属の熱処理**といいます。 熱処理の内容は概ね次のとおりです。

| 熱処理 | 方　　　法 | 目　　　的 |
|---|---|---|
| 焼 入 れ | 高温で加熱した後に急冷する | 硬度・強度を高める |
| 焼 戻 し | 焼入れした温度より低い温度で再加熱した後，徐々に冷却する | 粘性の回復<br>焼入れ強度の調整 |
| 焼なまし | 加熱を一定時間保持した後に，炉内等で極めてゆっくり冷やす | 金属内部のひずみの除去<br>組織の安定化，展延性の回復 |
| 焼ならし | 加熱を一定時間保持した後に，大気中でゆっくり冷やす | ひずみの除去，切削性の向上<br>機械的性質の向上 |

# ⑥ ボルト・ナット

一般的に，ボルトは**おねじ**，ナットは**めねじ**と呼ばれています。

**ねじ**は，巻き方向・条数・ねじ溝の形状・径・ピッチなどにより多種多様なものがあります。ここでは，ごく一般的な説明をします。

▸**メートルねじ** … M で表示され，径は（mm）で表示されます。

（例：M10 M－10，M16 M－16 等）

▸**管用平行ねじ** … 記号：G … ねじが軸と平行のもの。

▸**管用テーパねじ** … 記号：R … ねじが先細りのもの。

気密性が必要な場合に用いられます。

▸**ユニファイねじ** … 記号：UNC … インチで表示するねじ。

ボルトの径を表わす場合，M10，M16－1.2 などと表示されます。

**＜ M16－1.2＞**とは，**メートルねじで呼び径が16 mm** であること，1.2とは**ピッチ**（ねじ山間隔）が1.2 mm であることを表わしています。

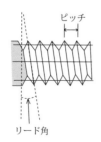

**＜リード角＞**

・**リード**とは，ねじを1回転させた時にねじの進む距離をいいます。

・**リード角**は，ねじ山の傾斜角度で，角度により進む距離が変わります。

# ❼ 溶 接

金属材料の接合部に**熱**や**圧力**を加えて接合することを**溶接**といいます。

溶接は，**融接・圧接・ろう付け**に大別されますが，原理や熱源の種類により，多数の種類があります。

## 【溶接の種類】

① **融　　接** …（アーク溶接，ガス溶接，テルミット溶接 等）

② **圧　　接** …（スポット溶接，シーム溶接，電気抵抗溶接 等）

③ **ろう付け** …（はんだ付け 等）

## 【溶接用語の例】

▶ **ビ ー ド**：溶接棒と母材が溶融して溶着金属となった部分のこと。

▶ **スラグ巻込み**：溶着金属の内部にスラグ（不純物）が取込まれている状態のこと。
　　　　　　　【原因】・溶接電流が低い。・溶接棒の運棒速度が遅い。
　　　　　　　　　　　・スラグの除去が不完全であった。

▶ **アンダカット**：溶接部分において，ビードと母材の境目に溶接線に沿ってできた細い溝のこと。
　　　　　　　【原因】・溶接電流が高い。・溶接棒の運棒操作が不適切

▶ **ブローホール**：気孔とも呼ばれ，溶接金属の内部に空洞ができること。
　　　　　　　【原因】・溶接電流が高い。・溶接面に水分が多い。
　　　　　　　　　　　・金属内の水素含有量が多い。

▶ **ク レ ー タ**：溶接ビードの終わりにできたへこみ（凹み）のこと。
　　　　　　　【原因】・母材の余熱不足　・溶接棒の運棒操作が不適切

▶ **余盛(よもり)**：溶接部に設計値以上のビードを盛ること。
　　　　　　　▶以前は補強になると考えられたが，強度的には不適切であることが分かり，強度的に重要な箇所は削り取る。

アンダ
カット

オーバラップ

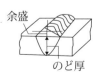

余盛

のど厚

# 練習問題にチャレンジ！

## 問題 27

**金属の一般的な性質のうち，誤っているものはどれか。**

(1) 鉛は熱による膨張率が大きく，軟らかい金属である。

(2) 溶解温度の高いものに錫（すず）やタングステンがある。

(3) リチウムは比重が最も小さく，オスミウムは比重が最も大きい。

(4) アルミニウムや銅は表面に酸化被膜をつくるために，内部まで腐食
が進行しない。

〈解説〉  P58 参照

金属は純金属としてよりも合金として使用されることが多いですが，金属の
一般的性質の主なものは確認しておきましょう。

(1) ○ 鉛は熱膨張率が大きく，とても軟らかい金属です。
「はんだ」は鉛とすずの合金で，金属の接合に用います。

(2) × すず（錫）は溶解温度の最も低い金属で，タングステンは
溶解温度の高い金属です。

(3)(4) ○ 正しい記述です。

| 解答 (2) |

## 問題 28

**炭素鋼の一般的な性質として，正しいものはどれか。**

(1) 炭素含有量が多くなるほど伸び率は増加する。

(2) 炭素含有量が多くなるほど加工性は増加する。

(3) 炭素含有量が多くなるほど展延性は減少する。

(4) 炭素含有量が多くなるほど硬度は減少する。

〈解説〉 P58 参照

炭素量が多くなるほど**硬くなる**反面**もろく**なり，展延性は減少します。

炭素量が多くなると硬くなるため，加工しにくくなります。

したがって，正しい記述は(3)になります。

| 解答 (3) |

# 問題 29

## 次の鉄鋼材料についての記述のうち，誤っているものはどれか。

(1)  鋼は，鉄と炭素量2.14％を超える量を含む合金鋼である。

(2)  鋳鉄は，鋳物を造るための鉄をいい，圧縮強い性質を持つ。

(3)  鋳鋼は，鋼を溶融して鋼鋳物をつくる材料をいい，炭素量が増加するにつれて引張り強さは増加する。

(4)  特殊鋼は，鉄に炭素のほか，ニッケル・クロム・タングステン・モリブデンなど1種類以上を加えた鋼のことをいう。

〈解説〉 P58 参照

▶ **鋼（S）** は，炭素量0.02〜2.14％の合金鋼をいいます。

▶ **鋳鉄（FC）** は，鋳物を造るための鉄で，耐摩耗性・圧縮強さがあるがもろい性質があります。

▶ **鋳鋼（SC）** は，鋳物を造るための鋼で，鋳鉄より強度・粘り・摩耗性に勝っています。

▶ **特殊鋼**は，鉄に炭素のほかニッケル・クロム・タングステン・モリブデンなど1種類以上を加えた合金鋼で，強度・耐食性・耐熱性に優れています。

したがって，(1)の炭素量が誤っています。 | 解答　(1) |

# 問題 30

## 合金の一般的な性質として，誤っているものは次のどれか。

(1)  硬度は成分金属より増加する。

(2)  可鍛性は増加するが，可鋳性は減少する。

(3)  化学的腐食作用に対する耐腐食性は増加する。

(4)  熱及び電気の伝導率は成分金属の平均値より減少する。

〈解説〉 P59 参照

金属は，一般的に合金として性能を高めたうえで使用されます。

(1)(3)(4)は正しい記述です。

(2)×  逆の説明をしています。**可鍛性**は**減少**又はなくなるが，**可鋳性**は**増加**します。 | 解答　(2) |

## 問題 31

**銅合金の性質について，誤っているものは次のどれか。**

(1) 青銅は銅とすずの合金で，ブロンズと呼ばれている。
(2) 青銅にりんを加えたりん青銅は，弾性に富んでいる。
(3) 砲金は銅にすずと亜鉛を加えた合金で，鍛造性に優れている。
(4) 黄銅は銅と亜鉛の合金で，真ちゅうと呼ばれ，最も古い合金といわれている。

〈解説〉  P59 参照

　銅・銅合金は電気や熱の伝導性が高く展延性・耐食性に優れています。

　**黄銅**は，**銅**と**亜鉛**の合金で，**しんちゅう**と呼ばれています。

　圧延加工性，耐食性，機械的性質に優れ，銅合金としては最も広く使用されています。

　**青銅**は，**銅**と**すず**（15%以下）の合金で，**ブロンズ**と呼ばれており，**最も古い合金**といわれています。

　▶砲金（ほうきん）と呼ばれる鍛造性に優れているものがあります。

　▶りん青銅は弾性に富んでおり，スプリング等に用いられます。

　最も古い合金は青銅ですから，(4)が誤りです。　　　　解答　(4)

### ◇主な合金の組成

| 名　　称 | 組　　　　　成 |
|---|---|
| 炭素鋼 | 鉄・炭素 |
| ステンレス鋼 | 鉄・炭素・ニッケル・クロム |
| 黄銅（真ちゅう） | 銅・亜鉛 |
| 青銅（ブロンズ） | 銅・すず（15%以下） |
| ジュラルミン | アルミニウム・銅・マグネシウム・マンガン |
| はんだ | 鉛・すず |

# 問題 32

**金属の熱処理についての記述として，誤っているものはどれか。**

(1) 焼き戻しは，焼き入れ済みの金属を再度加熱した後に徐々に冷却する。硬度や強度の更なる増加を目的としている。

(2) 焼きなましは，高温に加熱して一定時間保持した後に炉内等で極めてゆっくり冷却する。組織の安定化を目的としている。

(3) 焼き入れは，高温に熱した後に水又は油に没して急冷する。金属の硬度の増加を目的としている。

(4) 焼きならしは，高温に加熱して一定時間保持した後に，大気中でゆっくり冷却する。機械的性質の向上が目的である。

〈解説〉 P60 参照

　金属の**加熱**や**冷却**を行って性質を変化させることを「**金属の熱処理**」といいます。

　熱処理の種類・方法・目的は，次のとおりです。

| 熱処理 | 方　　法 | 目　　的 |
|---|---|---|
| 焼 入 れ | 高温で加熱した後に急冷する | 硬度・強度を高める |
| 焼 戻 し | 焼入れした温度より低い温度で再加熱した後，徐々に冷却する | 粘性の回復<br>焼入れ強度の調整 |
| 焼なまし | 加熱を一定時間保持した後に，炉内等で極めてゆっくり冷やす | 金属内部のひずみの除去<br>組織の安定化，展延性の回復 |
| 焼ならし | 加熱を一定時間保持した後に，大気中でゆっくり冷やす | ひずみの除去，切削性の向上<br>機械的性質の向上 |

　(1)の焼き戻しは，焼き入れで硬くなりすぎた金属の粘性を戻すことを目的として行います。更なる硬化が目的ではありません。

　(1)が誤りです。 解答　(1)

# 問題 33

M18×1.2と表示されたボルトがある。次の記述のうち正しいものはどれか。

(1) 1.2はリード角を表わしている。

(2) ボルトの長さが18 mm で，ピッチが1.2 mm である。

(3) ボルトの呼び径が18 mm で，ピッチが1.2 mm である。

(4) Mはメートルねじを表わし，18はねじの長さを表わしている。

〈解説〉 ☞ P60 参照

ボルトの径を表す場合，M10，M18−1.2などと表示されます。

M18−1.2とは，**メートルねじで呼び径が18 mm** であること，ピッチ（ねじ山間隔）が1.2 mm であることを表しています。

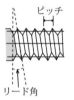

・**リード**とは，ねじを1回転させた時にねじの進む距離をいいます。

・**リード角**は，ねじ山の傾斜角度で，角度により進む距離が変わります。

(3)が正しい説明をしています。

> 解答 (3)

# 問題 34

金属の溶接についての記述として，誤っているものはどれか。

(1) スポット溶接は，融接に分類される。

(2) はんだ付けは，ろう付けの一種である。

(3) スラグ巻込みとは，溶着金属の内部に不純物が取込まれていることをいう。

(4) アンダカットとは，ビードと母材の境目に溶接線に沿ってできた細い溝のことをいう。

〈解説〉 ☞ P61 参照

金属の接合部に**熱**や**圧力**を加えて接合することを**溶接**といいます。

溶接は，**融接・圧接・ろう付け**に大別されます。

(1)が誤りです。スポット溶接は圧接の一種です。

> 解答 (1)

# 基礎的知識（機械・電気）

## 第2章
## 電　気

---

**学習のポイント**

☆**電気の基礎知識の出題**は，(1)電気理論，(2)電気機器，(3)
電気計測の範囲からとされています。

☆**試験問題**は比較的広い範囲から出題されていますが，
基本的な知識を確認する問題が多く見受けられること
から，基本的な知識を確実に整理することがポイント
となります。

# 1 電気理論

## 1 電気の回路

### 1 名称と単位

電気回路における**電気の流れ**を**電流**といい，$I$で表し単位記号には A（アンペア）を用います。また，**電流を生じさせる力**を**電圧**といい，$E$で表し単位記号には V（ボルト）を用います。

電線を含めて電気機器類は**電気の流れを妨げる要素**を持っています。それを**抵抗**といい，$R$で表し単位記号として Ω（オーム）を用います。

▶ 1 A とは，100 V の電圧で100 W の付加を使用した時に流れる電流量をいいます。

【主な単位・単位記号の例】

| 名称 | 記号 | 単位記号 |
|------|------|----------|
| 電圧 | $E$ | V（ボルト） |
| 電流 | $I$ | A（アンペア） |
| 抵抗 | $R$ | Ω（オーム） |
| 電力 | $P$ | W（ワット） |

| 名称 | 記号 | 単位記号 |
|------|------|----------|
| 周波数 | $f$ | Hz（ヘルツ） |
| 静電容量 | $C$ | F（ファラッド） |
| リアクタンス | $X$ | Ω（オーム） |
| 電荷量 | $Q$ | C（クーロン） |

### 2 導体・絶縁体・半導体

❏ **導　体** … 電気を**よく伝える物体**を**導体**といいます。

    ▶ 電気抵抗率が小さいので，電気が通りやすい。

    ▶ 「例」：銀，銅，アルミニウム，鉄 等（主に金属類）

❏ **絶縁体** … 電気を**伝えにくい物体**を**絶縁体**といいます。

    ▶ 抵抗率が大きいので，電気を伝えにくい。

    ▶ 「例」：雲母，ゴム，ガラス，磁器，木 等

❏ **半導体** … 低温では電気抵抗が大きく電気を通さないが，**温度上昇・電圧上昇・光の照射**などにより電気を通すようになる物体を**半導体**といいます。

    ▶ 「例」：ゲルマニウム，ケイ素，セレン，亜酸化銅 等

# ❷ オームの法則

オームの法則は，「導体を流れる**電流の大きさ**は，導体の両端に加えた**電圧に比例**し，導体の**抵抗に反比例する**」というものです。

式で表すと次のようになります。〔$I$：電流，$E$：電圧，$R$：抵抗〕

$$I = \frac{E}{R} \ \text{〔A〕} \qquad \left(\text{電流} = \frac{\text{電圧}}{\text{抵抗}}\right)$$

(次のように変形させることもできます)

$$E = IR \quad (\text{電圧} = \text{電流}×\text{抵抗}) \qquad R = \frac{E}{I} \ \left(\text{抵抗} = \frac{\text{電圧}}{\text{電流}}\right)$$

オームの法則は電気の基本的かつ重要な法則であるので，電気回路における電流値・電圧値・抵抗値の算出は確実にマスターしてください。

 **実践問題を解いてみましょう！**

【例題１】 電源電圧が100 V で10 Ωの抵抗器が接続された電気回路に流れる電流値を求めよ。

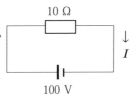

〈解説〉

オームの法則の算式に問題の数値を算入します。

$$I = \frac{100 \text{ V}}{10 \text{ Ω}} = 10 \ \text{〔A〕} \quad \text{となります。}$$

【例題２】 50 Ωの抵抗器を接続した電気回路に10 A の電流が流れている。この回路の電源電圧を求めよ。ただし，内部抵抗は無視してよい。

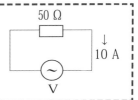

〈解説〉

算式 $E = IR$ （電圧 ＝ 電流×抵抗）に数値を算入します。

$E = 10×50 = 500$ 　したがって，500 〔V〕となります。

## 問題 1

**材料についての記述のうち，正しいものはいくつあるか。**

A　鉛や鉄は導電材料である。

B　雲母やガラスは絶縁材料である。

C　アルミナ磁器は導電材料である。

D　ケイ素や亜酸化銅は半導体材料である。

(1)　1つ　　　(2)　2つ　　　(3)　3つ　　　(4)　4つ

〈解説〉　　　　　　　　　　　　　　　　　　　　　　P68 参照

電気材料の導体・絶縁体・半導体についての問題です。

Cの磁器は絶縁材料です。ABDは正しい記述をしています。

導体・絶縁体・半導体は下記のとおりです。再確認をしましょう。

▶導　体 … 銀，銅，アルミニウム，鉄 等（主に金属類）

▶絶縁体 … 雲母，ゴム，ガラス，磁器，木 等

▶半導体 … ゲルマニウム，ケイ素，セレン，亜酸化銅 等

解答　(3)

## 問題 2

**オームの法則についての記述のうち，不適切なものは次のどれか。**

(1)　電圧は，電流に比例し抵抗に反比例する。

(2)　電圧は，電流値と抵抗値の積で求めることができる。

(3)　電流は，電圧に比例し抵抗に反比例する。

(4)　電流は，電圧値を抵抗値で除して求めることができる。

〈解説〉　　　　　　　　　　　　　　　　　　　　　　P69 参照

電圧の変化によって電流が変化することから，(1)は(3)で示すように「電流は，電圧に比例し抵抗に反比例する。」とすべきです。

解答　(1)

## 問題 3

オームの法則を表す式として，正しいものは次のどれか。ただし，電圧を $E$，電流を $I$，抵抗を $R$ とする。

(1) $E = IR$　　(2) $I = \dfrac{R}{E}$　　(3) $R = EI$　　(4) $E = \dfrac{R}{I}$

〈解説〉

P69 参照

「電流は電圧に比例し，抵抗に反比例する」という，オームの法則は

$I = \dfrac{E}{R}$ であるので，変形すると $E = IR$ になります。

したがって，(1)が正解となります。

| 解答 (1)

## 問題 4

下図のように 3 個の抵抗を接続し，A－B 間に100 V の電圧を加えたとき，電圧計Ⓥの表示する電圧は次のうちどれか。

(1) 20 V
(2) 30 V
(3) 40 V
(4) 50 V

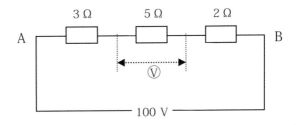

〈解説〉

P69 参照

まず，合成抵抗を求め，次にこの回路に流れている電流値を求めます。

▸合成抵抗値：$3 + 5 + 2 = 10\Omega$

▸全体の電流値：$100 \div 10 = 10$ A となります。

抵抗が直列接続であるので，5 Ωの所も10 A が流れています。

5 Ω部分の電圧は，$10 \text{A} \times 5 \Omega = 50 \text{V}$ となります。

| 解答 (4)

# 2 合成抵抗

## 1 抵抗・合成抵抗

### 1 抵抗率

銀・銅・鉄・アルミニウム・磁器など，物体内の抵抗が異なるために物体により電気を通す割合が異なっています。

物体が持っている電気的な抵抗を**抵抗率**（固有抵抗）といいます。

抵抗率は，**断面積 1 m²，長さ 1 m 当たりの抵抗**をいいます。

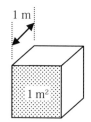

▶ 1 m³の物体に電気を通して，それぞれの物体の抵抗率を測定します。

▶ 抵抗率は〔Ω・m〕（オームメートル）で表わします。

抵抗率が小さく電気をよく通すものが**導体**で，抵抗率が大きく電気を通さないものが**絶縁体**といわれるものです。

導体と絶縁体の抵抗率を下表で比較して見てください。

〈導　体〉　　　　　　　　　　（Ω・m）

| 銀 | $1.62 \times 10^{-8}$ | 鉄 | $1 \times 10^{-7}$ |
|---|---|---|---|
| 銅 | $1.69 \times 10^{-8}$ | 白金 | $1.05 \times 10^{-7}$ |
| アルミニウム | $2.62 \times 10^{-8}$ | 鉛 | $2.19 \times 10^{-7}$ |
| 亜鉛 | $6.10 \times 10^{-8}$ | 水銀 | $0.95 \times 10^{-6}$ |

〈絶縁体〉　　　　　　　　（Ω・m）

| 雲母(マイカ) | $0.04 \sim 200 \times 10^{13}$ |
|---|---|
| ガラス | $1 \times 10^{9} \sim 10^{11}$ |
| 磁　器 | $3 \times 10^{11}$ |
| 木材(乾燥) | $1 \sim 400 \times 10^{8}$ |

## ❷ 電線の抵抗

電線の材質は同じであっても，断面積が小さくなると電流が流れにくくなるために抵抗は大きくなり，長さが長くなるほど抵抗は増えます。

すなわち　▶ **抵抗値は，断面積に反比例し，長さに比例する。**

　　　　　▶ **円形断面のものの抵抗値は，直径の2乗に反比例する。**

抵抗率は〔Ω・m〕で表わしますが，電線のように断面が円で寸法が〔mm²〕で表わされるものは，実用上から抵抗率に〔Ω・mm²/m〕の単位を用いています。

**≪電線などの電気抵抗の算出方法≫**　次式により求めます。

$$R = \rho\, \frac{L}{A}\quad \begin{matrix}〔\text{m}〕\\〔\text{mm}^2〕\end{matrix}$$

〔$R$：抵抗，　$\rho$(ロー)：抵抗率，　$A$：断面積，　$L$：長さ〕

 **実践問題を解いてみましょう！**

**【例題1】**　直径5 mm，長さ300 mの銅線の電気抵抗を求めよ。
　　　　ただし，銅線の抵抗率は$1.78 \times 10^{-2}$〔Ω・mm²/m〕とする。
　　　　また，抵抗は小数点以下2位まで求めるものとする。

〈解説〉

抵抗を求める算式に入れる数値を整理します。

・電線の断面積：$3.14 \times 2.5\,\text{mm} \times 2.5\,\text{mm} = \mathbf{19.62}$ 〔mm²〕

・電線の長さ　：**300 m**

・電線の抵抗率：$1.78 \times 10^{-2} = \mathbf{0.0178}$

上記数値を算式に入れます。

$$R = 0.0178 \times \frac{300}{19.62} = 0.27 \quad 〔Ω〕$$

したがって，0.27 Ωとなります。

# ❸ 合成抵抗

電気回路の電流は抵抗によって変化することから，電気回路の電流を制御するために**抵抗器**という器具が用いられます。

抵抗器には機能・形状・材質などにより様々なものがあります．

### 〜固定抵抗器の例〜 （色の筋が抵抗値を表わしています）

複数の抵抗器を回路に接続すると抵抗は合成されて，同じ効果を持つ１つの抵抗器と同じ働きをします。これを**合成抵抗**といいます。

抵抗器の接続には**直列接続**と**並列接続**があります。

## ❏ 直列接続 の合成抵抗

図のように抵抗器を直線状に接続することを直列接続といいます。

**直列接続の合成抵抗値**は，それぞれの**抵抗値の和**となります。

$$R = R_1 + R_2 + R_3$$

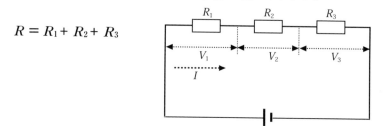

### ＜直列接続の特徴＞

▶ **合成抵抗**は，それぞれの**抵抗値を加えた値**（$R = R_1 + R_2 + R_3$）となるので，抵抗器が増えるほど抵抗値が大きくなる。

▶ 直列の接続なので，**各抵抗に流れる電流は同じ量**となる。

▶ **各抵抗にかかる電圧**は，オームの法則から次のとおりとなる。

$$V_1 = R_1 \times I \qquad V_2 = R_2 \times I \qquad V_3 = R_3 \times I$$

$$V = I \times (R_1 + R_2 + R_3) = V_1 + V_2 + V_3$$

## □ 並列接続 の合成抵抗

図のように抵抗器を回路と平行に接続することを並列接続といいます。各抵抗器には同じ大きさの電圧がかかり，電流は抵抗値の逆比の大きさとなって流れます。

合成抵抗値は，次式により求めます。

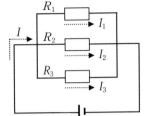

[A 式]　$R = \dfrac{1}{\dfrac{1}{R_1} + \dfrac{1}{R_2} + \dfrac{1}{R_3}}$

並列接続の**合成抵抗**は上記 **A** 式で算出しますが，下記 **B** 式でも算出できます。 計算例を示しますので計算しやすい方で行ってください。

[B 式]　$\dfrac{1}{R} = \dfrac{1}{R_1} + \dfrac{1}{R_2} + \dfrac{1}{R_3}$

 実践問題を解いてみましょう！

**【例題 2】**　前図の $R_1$ : 20 Ω，$R_2$ : 10 Ω，$R_3$ : 20 Ω，としたときの合成抵抗は次のうちどれか。

(1)　5 Ω　　　(2)　10 Ω　　　(3)　20 Ω　　　(4)　35 Ω

〈解説〉

〈A 式での求め方〉

まず，A 式の分母を整理します。

$$R = \dfrac{1}{\dfrac{1}{20} + \dfrac{1}{10} + \dfrac{1}{20}} \quad \Rightarrow \quad R = \dfrac{1}{\dfrac{4}{20}}$$

両辺に $\dfrac{4}{20}$ をかけると $R \times \dfrac{4}{20} = 1$ となり，

次に両辺に20をかけると $4R = 1 \times 20$ となり，$R = 5\ \Omega$ となる。

〈B 式での求め方〉

B 式に問題の数値を入れます。

$$\dfrac{1}{R} = \dfrac{1}{20} + \dfrac{1}{10} + \dfrac{1}{20} = \dfrac{1+2+1}{20} = \dfrac{4}{20}$$

（分子・分母を転回）　$\dfrac{R}{1} = R = \dfrac{20}{4} = 5\ \Omega$　となる。

解答　(1)

## ☀ 「抵抗が2個」の場合の「簡便計算方法」 ☀

並列の抵抗が2個の場合の合成抵抗は，次の簡便方法で算出できます。

$$R = \frac{積}{和} \begin{matrix} (2個の抵抗値をかける) \\ (2個の抵抗値を加える) \end{matrix} = \frac{R_1 \times R_2}{R_1 + R_2}$$

**[例]** 下図の合成抵抗を求めます。

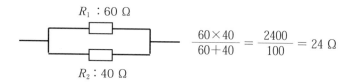

$$\frac{60 \times 40}{60 + 40} = \frac{2400}{100} = 24\ \Omega$$

※ この「和分の積」の「簡便計算方法」は，並列の抵抗が2個の場合に限ります。

## ❹ ブリッジ回路

図のように並列回路間を橋で結んだような回路をブリッジ回路といいます。測定回路として使われますが電源回路としても使われます。

ブリッジ回路の代表的なものを次に示します。

### ☀ ホイートストンブリッジ ☀

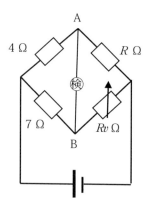

- $Rv\ \Omega$ の抵抗値を変えながら，A〜B間の電流を検流計で測っていたところ，A側回路（ $4\ \Omega - R\ \Omega$ ）の電流とB側回路（ $7\ \Omega -$ $Rv\ \Omega$ ）の電流が同じになり，A側とB側の電位差が無くなったためにA〜B間に電流が流れなくなった。この状態を**ブリッジが平衡**したといいます。
- ブリッジが平衡すると，向かい合った2つの抵抗値の積が等しくなる性質があり，このことから未知の抵抗器の値（ $R\ \Omega$ ）を知ることができます。

### 【未知の抵抗値 R の求め方】

〔図の $Rv\ \Omega$ の可変抵抗器の値が14 Ωのときに回路が平衡したとする〕

$4 \times 14 = 7 \times R$ となるので，$R = (4 \times 14) \div 7 = 8\ \Omega$ となります。

# 練習問題にチャレンジ！ 合成抵抗

## 問題 5

下図のa～b間の合成抵抗値は次のどれか。

(1)　11 Ω
(2)　17 Ω
(3)　19 Ω
(4)　23 Ω

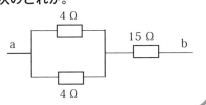

〈解説〉　　　　　　　　　　　　　　☞P74・P76 参照

　合成抵抗の問題は出題頻度の高い部分であり，得点しやすい部分ですので，問題練習を繰り返し行い，確実なものにしておきましょう。

　先ず，並列部分の整理をし，その後に直列の計算をします。

　並列部分の抵抗は2個なので**「和分の積」**の簡便計算方法が使えます。

並列部分の合成抵抗　$\dfrac{4 \times 4}{4 + 4} = \dfrac{16}{8} = 2\ \Omega$

したがって，2 Ω＋15 Ω ＝ 17 Ω となります。　　　　解答　(2)

## 問題 6

下図のa～b間の合成抵抗値は次のどれか。

(1)　 6 Ω
(2)　11 Ω
(3)　16 Ω
(4)　21 Ω

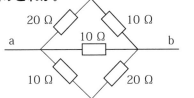

〈解説〉　　　　　　　　　　　　　　☞P75 参照

　一見複雑そうに見える回路図ですが，下図のように整理できます。

　▶数値を算式に入れます。

$\dfrac{1}{R} = \dfrac{1}{30} + \dfrac{1}{10} + \dfrac{1}{30} = \dfrac{5}{30}$

$\dfrac{R}{1} = R = \dfrac{30}{5} = 6\ \Omega$

したがって，合成抵抗は 6 Ω となります。　　　　解答　(1)

## 問題 7

下図における合成抵抗値として正しいものはどれか。

(1)　5.0 Ω
(2)　6.0 Ω
(3)　7.5 Ω
(4)　8.5 Ω

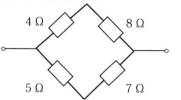

〈解説〉　　　　　　　　　　　　　　　　　P75 参照

回路図を分かりやすくすると，次のようになります。

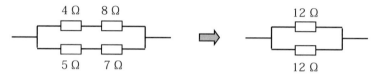

つまり，12 Ωと12 Ωの並列の合成抵抗値を求めることになります。

抵抗が2個の場合は，簡便計算法「**和分の積**」を活用すると便利です。

$$\frac{12 \times 12}{12 + 12} = 6 \ \Omega$$

解答　(2)

## 問題 8

下図a〜b間の合成抵抗値は，次のうちどれか。

(1)　20 Ω
(2)　30 Ω
(3)　40 Ω
(4)　50 Ω

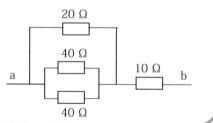

〈解説〉　　　　　　　　　　　　　　　　　P75 参照

合成抵抗の項目は出題頻度の高い部分です。確実に把握してください。

先ず，①40 Ωと40 Ωの並列部分の合成抵抗値を算出し，②その合成抵抗値と20 Ωの並列部分を算出します。③最後は直列の計算となります。

①　$\dfrac{40 \times 40}{40 + 40} = \dfrac{1600}{80} = 20$　　　②　$\dfrac{20 \times 20}{20 + 20} = \dfrac{400}{40} = 10$

③　$10 + 10 = 20 \ \Omega$　　　∴　20 Ωとなります。

解答　(1)

# 問題 9

A～B間の合成抵抗値が50Ωのとき，$R$Ωの抵抗値は次のうちどれか。

(1)　30Ω
(2)　60Ω
(3)　90Ω
(4)　120Ω

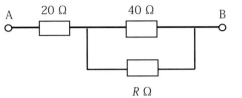

〈解説〉 👉 P75 参照

　全体の合成抵抗値が50Ωであることから，並列部分の合成抵抗値は50Ωから直列の20Ωを差し引いた30Ωであることが分かります。

　40ΩとRΩの合成値が30Ωということから，$R$の値を求めます。

$$30 = \frac{40 \times R}{40 + R} \quad \Rightarrow \quad 30 \times (40 + R) = 40 \times R$$

$$1200 + 30R = 40R \quad \Rightarrow \quad 1200 = 40R - 30R$$

$$R = 1200 \div 10 \quad \therefore \quad R = 120\,\Omega$$

解答　(4)

# 問題 10

　下図の回路において$R$の抵抗値を変化させているとき，A－B間に電流が流れなくなった。この時の$R$の値は次のどれか。

(1)　74Ω
(2)　144Ω
(3)　160Ω
(4)　252Ω

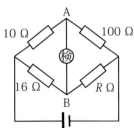

〈解説〉 👉 P76 参照

　**ホイートストンブリッジ**が平衡すると，相対する抵抗値の積が等しくなることを利用して，$R$の値を求めます。

　$100 \times 16 = 10 \times R \quad \therefore \quad R = 160\,\Omega$ となります。

解答　(3)

# ［3］ コンデンサ（蓄電器）

## ❶ クーロンの法則

　物質を摩擦すると静電気が発生します。静電気は摩擦電気ともいわれ，摩擦により一方の物質から出た電子がもう一方の物質に移動して一方の物質はプラス，もう一方の物質はマイナスに帯電する現象をいいます。帯電は物質の表面で起こる現象です。

　帯電した物質は，極性（＋－）が同じであれば反発し合い，極性が異なればお互いに引きあいます。このときの「**力の大きさは電荷量に比例し，２つの帯電体の距離の２乗に反比例する**」これが**クーロンの法則**です。

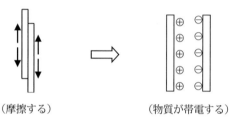

（摩擦する）　　　　　　（物質が帯電する）

　▶ 電荷量とは，物質が帯電している電気の量のことをいい，単位には C（クーロン）が用いられます。

## ❷ コンデンサ

　コンデンサは電気回路に接続され，回路に通電している間，一時的に蓄電する器具で，蓄電器ともいわれます。

　コンデンサは下図のように金属板を２枚並べた構造をしており，この金属板に電圧を加えると，一方がプラスもう一方がマイナスの電気を蓄えます。この**コンデンサに蓄えられる電荷量**を**静電容量**といいます。

　**静電容量の単位**は〔C/V〕（クーロンボルト）ですが，一般的には F（ファラッド）又は $\mu$F（マイクロファラッド）が用いられます。

　コンデンサは，回路の電圧（電流）に変動が起きた場合，蓄えた電荷を放電して**回路の安定**を図る，又は回路の**力率の調整**を行います。

# ❸ 合成静電容量

　複数のコンデンサを電気回路に接続した時の静電容量を合成静電容量といいます。抵抗と同じように直列接続と並列接続があります。

## ❑ 直列接続 の合成静電容量

　図のように複数のコンデンサを直列に接続したときの合成静電容量は，次式により求めます。

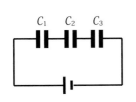

$$C = \cfrac{1}{\cfrac{1}{C_1} + \cfrac{1}{C_2} + \cfrac{1}{C_3}}$$

又は

$$\frac{1}{C} = \frac{1}{C_1} + \frac{1}{C_2} + \frac{1}{C_3}$$

　※**並列の合成抵抗**を求める方法と同じ方法で求めます。

　※**コンデンサが2個の場合**は，**簡便計算方法「和分の積」**が使えます。

## ❑ 並列接続 の合成静電容量

　図のように複数のコンデンサを並列に接続したときの合成静電容量は，次式により求めます。

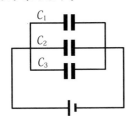

$$C = C_1 + C_2 + C_3$$

　※**直列の合成抵抗**を求める方法と同じ方法で求めます。

 静電容量を求める場合の注目点

- 直列接続の場合 ⇨ 並列の合成抵抗値を求める方法で算出する。
- 並列接続の場合 ⇨ 直列の合成抵抗値を求める方法で算出する。

## 問題 11

静電容量が10 $\mu$F，15 $\mu$F，30 $\mu$F のコンデンサを並列に接続した電気回路がある。この回路における合成静電容量として正しいものは，次のうちどれか。

(1) 5 $\mu$F　　(2) 35 $\mu$F　　(3) 55 $\mu$F　　(4) 65 $\mu$F

〈解説〉  P81 参照

並列の合成静電容量は，$C_1 + C_2 + C_3 \cdots$で算出できます。

**合成抵抗**を求める場合と**直列・並列の算出方法が逆**になります。

したがって，$10 + 15 + 30 = 55$ $\mu$F となります。

| 解答 (3) |

## 問題 12

下図の電気回路における合成静電容量として正しいものは，次のうちどれか。

(1)　2 $\mu$F
(2)　4 $\mu$F
(3)　8 $\mu$F
(4)　10 $\mu$F

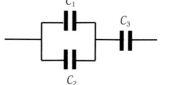

$C_1 = 4$ $\mu$F
$C_2 = 4$ $\mu$F
$C_3 = 8$ $\mu$F

〈解説〉  P81 参照

コンデンサの合成静電容量も並列部分から整理します。

▶並列部分：合成静電容量の並列は，直列の合成抵抗の算出方法であるから，$4 + 4 = 8$ $\mu$F となります。

▶直列部分：合成抵抗の並列の算出方法で，上記並列部分の 8 $\mu$F と $C_3$（8 $\mu$F）の合成静電容量を求めます。

〔解き方1〕 $\dfrac{1}{C} = \dfrac{1}{8} + \dfrac{1}{8} = \dfrac{1}{4}$　∴ $C = 4$ $\mu$F

〔解き方2〕 $\dfrac{8 \times 8}{8 + 8}$ → $\dfrac{64}{16} = 4$　∴　4 $\mu$F

※解き方は，どちらでも構いません。コンデンサ2個のときは合成抵抗と同じように「**和分の積**」が使えます。

| 解答 (2) |

# 4 電力・電磁力

## 1 電 力

### 1 電 力

私たちは様々な電気機器を通して電気エネルギーを利用していますが，**単位時間（1秒）あたりの電気的な仕事量**を電力といっています。

電力（$P$）は，次式で求めることができます。

$$P = I \cdot V \quad [\text{W}]$$

（電力＝電流×電圧）

$P$：電力　　W：ワット
$I$：電流　　$V$：電圧

オームの法則から，次式に変形することもできます。

$$P = RI^2 \qquad \text{又は} \qquad P = \frac{V^2}{R}$$

電力量とは，時間あたりの電力の量をいいます。（電力量＝電力×時間）

▶ 1 W × 1 時間 = 1 Wh （ワットアワー），1 kWh 等で表わします。

### 2 ジュールの法則

抵抗のある導体に電流を流すと熱が発生します。このとき発生する熱をジュール熱といい，$H$で表わします。

ジュール熱は**電流の2乗及び抵抗に比例して発生**します。ジュール熱は次により求めることができます。

$$H = RI^2t \quad [\text{J}]（ジュール）$$

（ジュール熱 = 抵抗×電流²×時間）

▶ 1 J = 1 W・s （ワット秒）= 0.24 Cal （カロリー）の関係があります。

**磁界・電磁力**

## ① 右ねじの法則

　下図のように，磁石の周囲にはN極からS極に向かって磁力線が発生しており，磁界ができています。

　電線などの導体に電流が流れると，導体の周囲に電流の流れる方向に向かって右回りに多数の磁力線が発生して磁界ができます。

　あたかも**右ねじ**を締め付ける動作に例えて，**右ねじの法則**といいます。

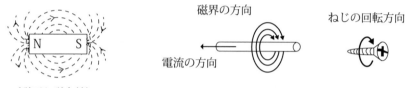

磁力線

（磁石と磁力線）

磁界の方向

電流の方向

ねじの回転方向

## ② フレミングの左手の法則

　下図のように，あらかじめできている磁界の中に電線を置いて電流を流すと，あらかじめあった磁力線と電線の周囲に発生する磁力線が作用しあって，電線を上に押し上げる力が働きます。この力を**電磁力**といいます。

　**電磁力の働く方向**は，磁界（磁束）と電流の方向によって決まります。また，電磁力の大きさは磁界の強さ・電流コイルの巻数に比例します。

　これを「**フレミングの左手の法則**」で表わすことができます。

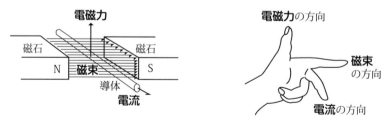

電磁力

磁石　　　磁石

N　**磁束**　S

導体

電流

電磁力の方向

磁束
の方向

電流の方向

※磁界は無数の磁力線（磁束）よりできているので，磁界の方向とは磁力線（磁束）の方向となります。

## ❸ フレミングの右手の法則

　下図のように**コイルの内部又は直近で磁石を動かす**と，磁石の磁束の影響を受けて**コイルに起電力**が生じます。このような状況を**電磁誘導**といい，**発電機の原理**でもあります。

　誘導起電力の方向は，磁界方向と導体の動く方向によって決まります。したがって，磁石をコイルに入れるときと出すときでは，誘導起電力の向きが逆になります。

　これは「**フレミングの右手の法則**」によって表わすことができます。

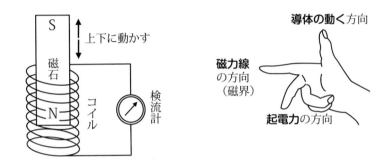

　電磁誘導作用は，磁界の強さ・コイルの巻数などにより変化します。

## 問題 13

下図の電気回路において10 Ωの抵抗器で消費される電力は，次のうちどれか。

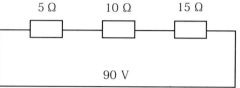

(1)　20 W

(2)　40 W

(3)　80 W

(4)　90 W

〈解説〉  P83 参照

回路に接続された抵抗器の合成抵抗は30 Ωとなります。 次に回路全体に流れる電流を求めます。

オームの法則より $I = E／R$ → $I = 90\,V \div 30\,\Omega = 3\,A$ となります。

また，抵抗器は直列接続なので，いずれにも同じ量の電流が流れています。

従って，次式により10 Ωの抵抗における電力($P$)を求めることができます。

［解き方１］　$P = RI^2$ より $P = 10\times 3^2 = 90$〔W〕となります。

［解き方２］　$P = IV$ より $P = 3\times 30 = 90$〔W〕となります。

※電圧 (V) は10 Ωに加わっている電圧です。注意！　　| 解答　(4) |

## 問題 14

下記回路において，800 Ωの抵抗器に流れている電流は次のうちどれか。

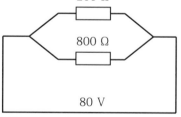

(1)　0.1 A

(2)　0.2 A

(3)　1.0 A

(4)　2.0 A

〈解説〉  P69 参照

回路の全電流を下式で求めます。なお，合成抵抗値は160 Ωとなります。

$$電流 = \frac{80\,V}{160\,\Omega} = 0.5\,A$$

全電流（0.5 A）が200 Ωと800 Ωに，**抵抗値に反比例した量**で分流します。つまり，0.5 Aの電流が200：800の割合，即ち1：4の割合の**逆比の量**で流れます。

したがって，**200 Ωの抵抗には0.4 A，800 Ωの抵抗には0.1 A** が流れます。

解答 （1）

## 問題 15

　500 Wの電気機器に100 Vの電圧を加えた場合に流れる電流値として正しいものはどれか。ただし，内部抵抗は無視する。

(1) 0.2 A 　　(2) 5 A 　　(3) 10 A 　　(4) 50 A

〈解説〉 P83 参照

電力（W）＝電流×電圧です。ここから解いてください。

$$500 = I \times 100 \quad \Longrightarrow \quad I = \frac{500}{100} = 5 \text{ A}$$

解答 （2）

## 問題 16

　100 V，800 Wの電熱器のニクロム線が切れたので，半分を伸ばして使用した。このときの電熱器の出力は，次のどれか。

(1) 400 W 　　(2) 800 W 　　(3) 1600 W 　　(4) 2400 W

〈解説〉 P83 参照

▶ニクロム線が切れて半分になったということは，抵抗が半分になったということです。

▶抵抗が半分になると電流は2倍になるので，電圧がそのままの場合は電力は2倍になります。

$P$（電力）＝ $I$（電流）× $E$（電圧）

$P_X = 2\,I \times E$ 　　∴ 　$P_X = 2\,P$

即ち，2 ×800 W ＝ 1600 W となります。

解答 （3）

# 問題 17

抵抗30 Ωのニクロム線に 5 A の電流を30分間流した。このときに発生する熱量の値として正しいものは，次のどれか。

(1) 22.5 kJ　　(2) 750 kJ　　(3) 1350 kJ　　(4) 22500 kJ

〈解説〉

☞P83 参照

抵抗のある導体に電流を流したときに発生する熱をジュール熱といいます。ジュール熱は**電流の 2 乗**及び**抵抗**に比例して発生します。

ジュール熱（$H$）は，次により求めます。

$$H = RI^2t \ \text{〔J〕}　（ジュール熱 ＝ 抵抗×電流^2×時間）$$

したがって，$H = 30 \times 5^2 \times 1800$秒 $= 1350000$ 〔J〕
$= 1350$ 〔kJ〕

解答　(3)

※ 1 J ＝ 1 W･s（ワット秒）＝ 0.24 Cal（カロリー）の関係があります。

# 問題 18

次の記述のうち，誤っているものはどれか。

(1) フレミングの右手の法則で発電機の原理の説明ができる。
(2) フレミングの左手の法則の親指は電磁力の方向を表わしている。
(3) 磁石の S 極から N 極に向かって多数の磁力線が発生し，磁界を形成する。
(4) 右ねじの法則とは，電線などの導体に電気を流した場合，電流の流れ方向に向かって右回りに磁力線の発生する様をいう。

〈解説〉

☞P84 参照

(1) ○　正に発電機の原理の説明となります。
(2) ○　電流を流すと電線の周りにできた磁力線で電線が浮き上ります。
(3) ×　磁石の磁力線は N 極から S 極へ向かって発生しています。
(4) ○　電線などの導体に電流を流すと右回りの磁力線が発生します。

解答　(3)

# 5 直流・交流

電気には**直流**と**交流**があります。以下，その概要を記します。

## ❶ 直 流［DC］… Direct Current（まっすぐな電流）

直流は，電圧は一定で，電流は一定の方向に流れる電気です。

**乾電池**や**自動車バッテリー**などのように，プラス極（＋）・マイナス極（－）が定まっており，＋極から－極へ向かって電流が流れます。

交流を直流に変換して使用することも行われています。

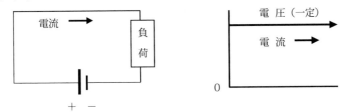

## ❷ 交 流［AC］… Alternating Current（交互に替る電流）

交流は，**電圧の大きさと電流の向き・大きさが一定の周期で変化する電気**をいいます。下図は代表的な正弦波交流の変化を表したものです。

波形を三角関数の sin（正弦）で表すことができることから**正弦波交流**といいます。 正弦波交流は同じ波形の繰り返しで，1周期（360度）の変化を1秒間に50回又は60回繰り返しており，それぞれ50 Hz（ヘルツ）又は60 Hz と呼んでいます。

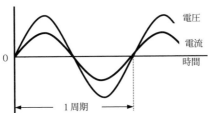

正弦波交流の1周期は円運動の1回転（360度）にあたります。円運動の回転速度を角度で表したものを角速度といい，〔rad/s〕（ラジアン）で表します。円運動の1回転360度は $2\pi$ ラジアンになります。

$$\left(90° = \frac{1}{4} \text{周期}, \quad = \frac{\pi}{2} \text{〔rad〕}\right)$$

## ❸ 交流の実効値・最大値

計測機器で測定した瞬間的な電圧を**実効値**と呼び，変化する交流の最大電圧を**最大値**と呼びます。

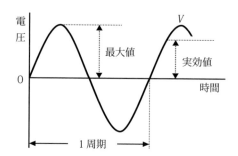

測定した**実効値**から**最大値を求める**ことができます。

$$最大値 = 実効値 \times \sqrt{2} \quad 〔V〕$$

$(\sqrt{2} = 1.41)$

- ▶ 実効値が100 Vの場合の最大値 ⇨ 100 V ×1.41 = 141 V
- ▶ 実効値が200 Vの場合の最大値 ⇨ 200 V ×1.41 = 282 V

## ❹ リアクタンス

電流の流れを妨げるものとして，**直流回路**では**抵抗**があり，**交流回路**では**抵抗**のほかに**リアクタンス**と呼ばれるものがあります。

リアクタンスには，電気機器に使用されるコイルによる「誘導リアクタンス」とコンデンサによる「容量リアクタンス」があります。

### ❏ 誘導リアクタンス

変圧器や電動機などのコイルに電流を流すと，磁束が発生してコイルの中に電源の起電力と反対方向の起電力が発生して，本来の電流の流れを妨げることから，これを**誘導リアクタンス**と呼び**抵抗の一種**として扱います。$X_L$の記号で表わし，単位はΩを用います。

コイル回路では「**電流は4分の1周期（＝90°）電圧より遅れて変化する**」ことから**遅れ位相**と呼ばれます。

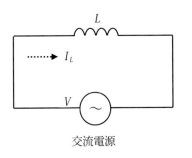

交流電源

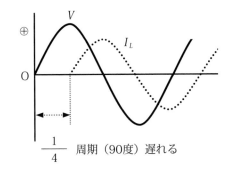

$\dfrac{1}{4}$ 周期（90度）遅れる

※交流で抵抗だけの回路は，電流と電圧の相は変化せず同相のままです。

## ❏ 容量リアクタンス

コンデンサに交流電圧を加えると，コンデンサ回路に4分の1周期ごとに充電電流と放電電流が流れ，このうち放電電流は電源の起電力と反対方向となり，交流回路の電流を妨げる働きが生じます。これを**容量リアクタンス**と呼び**抵抗の一種**として扱います。

容量リアクタンスは $X_c$ の記号で表わし，単位は $\Omega$ を用います。

コンデンサ回路では「**電流は4分の1周期（90°）電圧より進んで変化する**」ことから**進み位相**と呼ばれます。

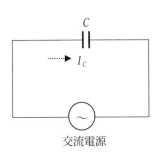

交流電源

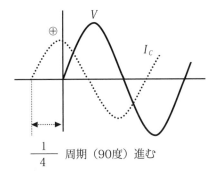

$\dfrac{1}{4}$ 周期（90度）進む

※ビル設備では電動機などコイルを用いた機器類を多く使用するため，

誘導リアクタンスによる遅れを調整するために，**進相用コンデンサ**を接続して回路の**力率の改善**を図っています。

# ❺ インピーダンス

　抵抗（$R$）・誘導リアクタンス（$X_L$）・容量リアクタンス（$X_C$）の全部又は一部が共存する場合，合成抵抗という言葉の代わりに**インピーダンス**という言い方をします。$Z$の記号で表わし，単位はΩを用います。

　インピーダンスは次式により求めます。

$$Z = \sqrt{R^2 + (X_L - X_C)^2} \quad (\Omega)$$

### ＜インピーダンス回路の例＞

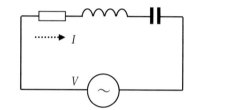 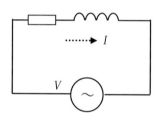

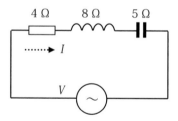 実践問題を解いてみましょう！

**【例題１】**　下図のインピーダンスを求めよ。

〈解説〉

　上記算式に，それぞれの数値を入れます。

$$Z = \sqrt{R^2 + (X_L - X_C)^2} = \sqrt{4^2 + (8-5)^2} = \sqrt{25} = 5$$

したがって，5〔Ω〕となります。

# ❻ 力 率

　負荷を接続した回路では，電流の位相が電圧の位相より若干遅れ，見かけ上の電力（**皮相電力**）と事実上の電力（**有効電力**）が生じます。

　皮相電力と有効電力の割合を**負荷の力率**といい，百分率（％）で表わします。つまり，電気の使用効率を表わしたものが**力率**といえます。

　力率は次により算出します。

$$力率（％）= \frac{有効電力}{皮相電力} \times 100$$

　力率が100％に近いほど電力が有効に使われていることになります。

　力率は $\cos\theta$ で表記される場合があります。

$$力率（\cos\theta）= \frac{P}{E \cdot I} \times 100$$

 　　実践問題を解いてみましょう！

**【例題２】** 電源電圧100 V の回路に600 W の負荷を接続したところ，8 A の電流が流れた。この負荷の力率はどのくらいか。

〈解説〉

　600 W の負荷であるから理論上は 6 A の電流でよいはずなのに，実際は 8 A を使っており，効率の悪いものとなっています。

　有効電力が600 W，皮相電力が800 W（100 V × 8 A）を，力率を求める算式に算入します。

$$\frac{600}{800} \times 100 = 75 \quad したがって，75％となります。$$

# ❼ 単相・三相 交流回路

## 【単相交流回路】

電源が二本の線で供給されるものを単相といいます。

単相には**単相二線式**と，単三と呼ばれている**単相三線式**がありますが，電源として使用する電線は二線となります。

> ▸ **単相二線式**は，住宅など負荷電流の小さい所に二本線で供給する方式です。

> ▸ **単相三線式**は，100 V と200 V を同時に供給する方式で，**そのうちの二本の線**を使い分けて異なった電圧を引き出します。

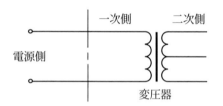 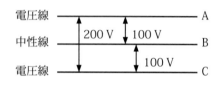

## 【三相交流回路】

交流電源が**三本の線で供給される方式**で，電動機など負荷電流の大きいものに使用されます。一般的に**動力**といわれるものです。

三本の線を**R相・S相・T相**と呼んで区分しています。

三相交流は，位相が120°ずつ異なった三組の交流を１つにまとめたものです。

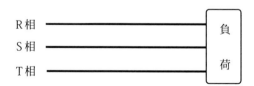

# ⑧ 保安の措置

電気設備・機器等には，安全に使用するための保安上の措置や定めがあります。

## 【電圧の区分】

電圧は，電気設備技術基準により次のように区分されています。

| 区　　分 | 直　　流 | 交　　流 |
|---|---|---|
| 低　　圧 | 750 V 以下 | 600 V 以下 |
| 高　　圧 | 750 V を超え7000 V 以下 | 600 V を超え7000 V 以下 |
| 特別高圧 | 7000 V を超えるもの ||

## 【接地工事】（アース）

電気設備・機器等には，感電防止・設備機器の保護・漏電事故防止のために，接地工事（アース）として A〜D 種の 4 種類があります。

接地の目的・接地抵抗値は確認しておきましょう。

| 種別 | 接地の目的 | 接地抵抗値 | 接地線の太さ |
|---|---|---|---|
| A種 | （高圧・特別高圧用）<br>**漏電事故防止** | 10 Ω以下 | 直径2.6 mm 以上 |
| B種 | （高圧・低圧の混触用）<br>**低圧側の機器類保護** | 150 ÷ 1 線地絡電流以下 | 直径　4 mm 以上 |
| C種 | （低圧300 V 超）<br>**感電防止** | 10 Ω以下 | 直径1.6 mm 以上 |
| D種 | （低圧300 V 以下）<br>**感電防止** | 100 Ω以下 | 直径1.6 mm 以上 |

## 【保安のための機器類】

保安のための機器類として，次のようなものがあります。

▶ **開閉器**（スイッチ），**遮断器**（ブレーカー），**ヒューズ**，**断路器**，**避雷器**等
▶ **漏電遮断器**と**配線用遮断器**の違い
　・漏電遮断器は回路に漏洩電流が発生した際に作動するが，配線用遮断器は漏洩電流が発生しても作動しない。

# 練習問題にチャレンジ！ 直流・交流

## 問題 19

電気の直流及び交流についての記述のうち，適切でないものはいくつあるか。

A　直流電流は，常に一定方向に流れる。

B　交流電流は，電流の方向が絶えず変化する。

C　交流電圧は変圧器で変圧できるが，直流は変圧できない。

D　交流の配線は2本（単相）又は3本（三相）であるが，直流は1本である。

(1)　1つ　　　(2)　2つ　　　(3)　3つ　　　(4)　4つ

〈解説〉  P89 参照

　C・Dが誤っています。直流であっても電源からの配線は最低2本となります。

解答　(2)

## 問題 20

次の記述のうち，電気設備技術基準にてらして適切でないものはいくつあるか。

A　交流では600 V以下のものを低圧という。

B　直流では750 V以下のものを低圧という。

C　交流では700 Vを超え7000 V以下のものを高圧という。

D　交流，直流とも7000 Vを超えるものを特別高圧という。

(1)　1つ　　　(2)　2つ　　　(3)　3つ　　　(4)　4つ

〈解説〉 P95 参照

　Cが不適切な表記です。正しくは600 Vを超え7000 V以下のものを高圧といいます。

解答　(1)

## 問題 21

正弦波交流を電圧計で測定したところ100 V であった。この交流の最大値として正しいものは，次のうちどれか。

(1)  100 V　　(2)  125 V　　(3)  141 V　　(4)  164 V

〈解説〉　　　　　　　　　　　　　　　　　　　☞P90 参照

計測機器で測定した**実効値**から，常時変化する正弦波交流の**最大電圧の値**（最大値）を求めることができます。

　　**最大値 = 実効値 × $\sqrt{2}$** となります。（$\sqrt{2} = 1.41$）

問題の数値を算式に代入します。

　　最大値 = 100 V ×1.41 = 141 V となります。　　| 解答　(3) |

## 問題 22

使用電力500 W の負荷を100 V の電源に接続したとき 6 A の電流が流れた。この負荷の力率は次のうちどれか。

(1)  63 %　　(2)  78 %　　(3)  83 %　　(4)  98 %

〈解説〉　　　　　　　　　　　　　　　　　　　☞P93 参照

力率とは，皮相電力と有効電力の比です。

　▶ 有効電力　500 W

　▶ 皮相電力　100× 6 = 600 W

　力率（%）= $\dfrac{有効電力}{皮相電力}$ ×100　　$\dfrac{500}{100×6}$ ×100 = 83.3 %　| 解答　(3) |

## 問題 23

使用電力800 W の負荷を100 V の電源に接続したとき10 A の電流が流れた。この負荷の力率は次のうちどれか。

(1)  65 %　　(2)  70 %　　(3)  75 %　　(4)  80 %

〈解説〉　　　　　　　　　　　　　　　　　　　☞P93 参照

皮相電力と有効電力の比は0.8なので，力率は80 %となります。　| 解答　(4) |

## 問題 24

　交流回路において 8 Ω の抵抗と 6 Ω のリアクタンスを直列に接続して100 V の交流電圧を加えた時に流れる電流は，次のうちどれか。

(1)　10 A　　　(2)　15 A　　　(3)　20 A　　　(4)　25 A

〈解説〉

☞P92 参照

　抵抗とリアクタンスの混在する場合のいわゆる合成抵抗をインピーダンスといいます。この場合の電気回路の電流値を求める問題です。

　用語に惑わされそうですが，難しい問題ではありません。

　この回路のインピーダンスは，　$Z = \sqrt{R^2 + X^2}$

　$Z = \sqrt{8^2 + 6^2} = \sqrt{100} = \sqrt{10^2} = 10\ \Omega$

　$I$（電流）$= 100\ V \diagup 10\ \Omega = 10\ A$

解答　(1)

## 問題 25

　図のような抵抗とリアクタンスの直列回路に，直流120 V を加えたとき30 A の電流が流れ，交流100 V を加えたとき10 A の電流が流れた。抵抗（$r$）とリアクタンス（$X$）の値として正しいものはどれか。

(1)　$r = 3\ \Omega$　$X = 6.16\ \Omega$
(2)　$r = 3\ \Omega$　$X = 7.16\ \Omega$
(3)　$r = 4\ \Omega$　$X = 8.16\ \Omega$
(4)　$r = 4\ \Omega$　$X = 9.16\ \Omega$

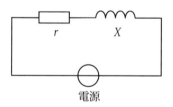

電源

〈解説〉

☞P92 参照

▶抵抗は，直流・交流ともに作用する。

▶リアクタンスは直流では作用しない。（直流を流した時に抵抗値が分る）

▶$V = I \cdot Z$ であるから。

　　直流回路では　$120 = 30 \times r$　　∴　$r = \dfrac{120}{30} = 4\ \Omega$

　　交流回路では　$100 = 10 \times Z$　　∴　$Z = \dfrac{100}{10} = 10\ \Omega$

　　$Z = \sqrt{r^2 + X^2}$　$X = \sqrt{10^2 - 4^2}$

　　　　　　　　　　$= \sqrt{84} \fallingdotseq 9.16\ \Omega$

解答　(4)

# 6 電気計測

## ① 電流の測定 … 電流計，テスター，クランプメーター 等

電流計は**回路に流れる量を計測**するため，**回路に直列に接続**します。

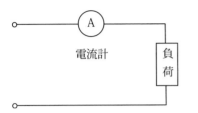

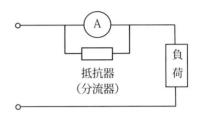

　電流計の最大目盛以上の**電流を測定**することもできます。その場合は**電流計と並列に抵抗器を接続**して，電流を分流させる回路を作ります。そのために接続する抵抗器を**分流器**といいます。（右図）

　分流器の抵抗値は次式により算出します。

$$R = \frac{r}{n-1} \quad [\Omega]$$

$R$：分流器の抵抗値
$n$：最大目盛の $n$ 倍の数値
$r$：電流計の内部抵抗

 ## 実践問題を解いてみましょう！

**【例題 1 】** **最大目盛が20 A，内部抵抗が 2 Ωの電流計で60 A の電流を測定するときの分流器の抵抗値を求めよ。**

〈解説〉

　最大目盛20 A の電流計で60 A を計測することから，$n$ は 3 倍となります。上記算式に例題の数値を代入します。

　　$R = \dfrac{2}{3-1} = 1$　よって，1 Ωとなります。

　10 A の電流計で表示された 3 倍の数値が，実際の測定値となります。

## ❷ 電圧の測定 … 電圧計，テスター（回路計），クランプメーター 等

電圧計は回路の**往路**と**帰路の電位差を計る**ため，**回路に並列に接続**します。

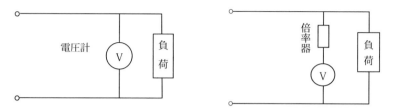

電圧計の最大目盛以上の**電圧を測定**することもできます。その場合は**電圧計と直列**に**抵抗器を接続**します。その抵抗器を**倍率器**といいます。（右図）

倍率器の抵抗値は次式により決めます。

$$R = (n-1)\,r \quad (\Omega)$$

$R$：倍率器の抵抗値
$n$：最大目盛の $n$ 倍の数値
$r$：電圧計の内部抵抗

電圧計の最大目盛の $n$ 倍の電圧を測定する場合は，電圧計の内部抵抗 $r$ の $(n-1)$ 倍 $\Omega$ の倍率器を接続します。

## ❸ 絶縁抵抗の測定 … 絶縁抵抗計（メガー）で測定します。

電気機器類や電線には絶縁対策が講じられていますが，劣化や設置環境などにより絶縁状態に支障が生じることがあるため，**電線と対地間の絶縁抵抗，電線相互間の絶縁抵抗**などの測定を行って確認します。

測定基準・抵抗値については詳細な規定があります。

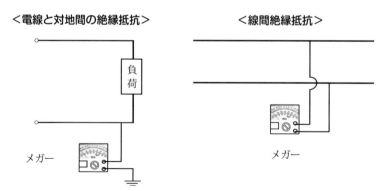

&lt;電線と対地間の絶縁抵抗&gt;　　　　　　&lt;線間絶縁抵抗&gt;

メガー　　　　　　　　　　　　　メガー

## ④ 接地抵抗の測定 … 接地抵抗計（アーステスター）

接地線（アース線）は，電線や電気機器類などに漏電が発生した場合の漏洩電流を地中に放電するためのものですが，接地線の抵抗が大きいと漏洩電流の放電に支障をきたすことから，接地抵抗が基準値以下であることを確認するために測定します。測定方法にはコールラウシュブリッジ法，電圧降下法があります。

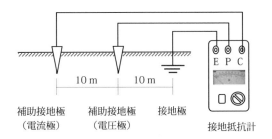

| 補助接地極<br>（電流極） | 補助接地極<br>（電圧極） | 接地極 | 接地抵抗計 |

## ⑤ 絶縁耐力の測定 … 絶縁耐力試験装置

絶縁性能の程度を測定するもので，試験用変圧器，電流計，抵抗器，計器操作部などを組み合わせた絶縁耐力試験装置で行います。

## ⑥ 導通の確認 … テスター，マグネットベル，（クランプメーター)等

導通とは，電線や導体等が電気的に結ばれていることの確認です。

## ⑦ 充電の確認 … 検電器

電線や目的部分が充電状態（通電状態）であるかを検電器で確認します。
検電器の先端を目的部分にあてると，充電状態の場合は光や音で知らせます。
検電器には低圧用・高圧用・低高圧用などがあります。

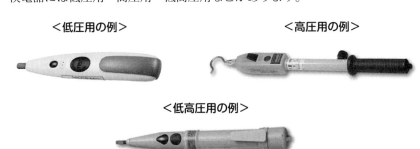

&lt;低圧用の例&gt;　　　　　　　　　　　&lt;高圧用の例&gt;

&lt;低高圧用の例&gt;

# 練習問題にチャレンジ！  電気計測

## 問題 26

　負荷の電流と電圧を測定する測定計器の接続方法として，正しいものはどれか。

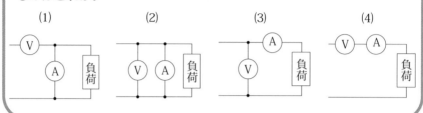

(1)　(2)　(3)　(4)

〈解説〉　P99 参照

　電流を測定する電流計は電気回路と直列に接続し，電圧計は電気回路と並列に接続します。

解答　(3)

## 問題 27

　絶縁抵抗を測定する際に用いる計測機器は，次のどれか。

(1)　テスター　　　　　　(2)　クランプメーター

(3)　アーステスター　　　(4)　メガー

〈解説〉　P100 参照

　メガーは，絶縁抵抗計のことである。

解答　(4)

## 問題 28

　電気回路の大電流を測定する際に，電流計と組み合わせて使用するものは，次のうちどれか。

(1)　検 流 計

(2)　周波数計

(3)　計器用変流器

(4)　計器用変圧器

〈解説〉　P99 参照

　電流計と計器用変流器を組み合わせて，大電流の測定を行います。

　検流計は小さな電流を測定する機器です。

解答　(3)

# 7 電気機器

## ❶ 電 動 機

### ❏ 電動機の種類

電動機は**交流電動機**と**直流電動機**があり，次のように分類されます。

- ▶ **交流電動機** … 誘導電動機〔**単相，三相**（かご形・巻線形）〕，同期電動機，交流整流子電動機
- ▶ **直流電動機** … 分巻形，直巻形，複巻形

消防用設備の電動機には，回転子が**かご形**をした**かご形誘導電動機**が使用されます。回転子にコイルを巻いた電動機を巻線形といいます。

### ❏ 誘導電動機の回転数

誘導電動機の無負荷状態での回転数を同期速度といい，次式により求めることができます。

$$回転数〔N〕= \frac{120 \cdot f}{P} \quad 〔rpm〕（毎分の回転数）$$

$f$：周波数
$P$：極　数

### ❏ 三相誘導電動機の回転方向

三相誘導電動機の回転子は，固定子の回転磁界の方向に回転するので，電源**3線のうち2線を入れ替えれば逆回転**します。

### ❏ 誘導電動機の「Y－Δ始動」

誘導電動機の始動方法として，直入れ，Y－Δ始動法，始動補償器法，リアクトル始動法，始動抵抗器法などがあります。

始動時に**定格電圧**を電動機にかける方法を**直入れ**といい，この方法で誘導電動機を始動すると定格電流の数倍（5〜8倍）の始動電流が流れ，電動機自体に過大な負担がかかるとともに一時的に大きな電圧降下を招くので，小容量以外の誘導電動機には**始動電流**を定格電流の3分の1に減じる**Y－Δ始動法**（スターデルタ始動法）が用いられます。

# ❷ 変 圧 器

　変圧器（トランス）は，交流電力の**電圧**を電磁誘導により変換する機器であるが，同時に電流も変化させることができます。

　変圧器は鉄心に**一次側巻線**と**二次側巻線**が巻いてあり，その**巻数比**により電圧と電流が次のように変化します。

> ▶ **電圧**は，一次側と二次側の**コイルの巻数**に**比例**して変化します。
> ▶ **電流**は，一次側と二次側の**コイルの巻数**に**反比例**して変化します。
> ▶ 一次側の**入力**と二次側の**出力**は変化しません。（理論上）

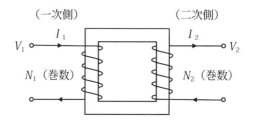

　一次側の**電圧・電流・コイル巻数**を $V_1 \cdot I_1 \cdot N_1$ とし，二次側の**電圧・電流・コイル巻数**を $V_2 \cdot I_2 \cdot N_2$ とすると，次の式が成り立ちます。

$$\frac{N_1}{N_2} = \frac{V_1}{V_2} = \frac{I_2}{I_1}$$

　$V_1 / V_2$ を**変圧比**，$I_1 / I_2$ を**変流比**，$N_1 / N_2$ を**巻数比**といい，上式のように変圧比と巻数比は等しく，変圧比は変流比の逆数と等しくなります。

　変圧器の入力と出力は理論上は変化しないはずであるが，実際には変圧器内部での電力損失があるため若干の差異が出ます。この入力と出力の比を**変圧器の効率**といい，次式となります。

$$効率（\eta） = \frac{出力}{出力 + 鉄損 + 銅損 + （漂遊負荷損）} \times 100 \ 〔\%〕$$

　一般に**鉄損**（鉄心による損失）と**銅損**（巻線による損失）以外の損失はごく小さいため，通常は変圧器の損失は鉄損と銅損で表わされます。

# ③ 蓄 電 池

電池は**電流を取り出す装置**で化学反応を利用した**化学電池**と物理作用を利用した**物理電池**があります。生活に身近なものは化学電池です。

使いきりの電池を**一次電池**，充電して繰返し使える電池を**二次電池**といいます。一次電池には乾電池，二次電池には蓄電池があります。

**電池のしくみ**を化学電池の原理となるボルタ電池で見てみましょう。

下図のように，導線で接続した**2種類の金属板**（銅板・亜鉛板）を**電解液**（薄い硫酸）の中に入れて化学反応させると，次のようになります。

(1) 銅と亜鉛では，イオン化傾向の大きい亜鉛が電子を残したまま電解液に溶けだします。亜鉛板には次第に電子が増加します。

(2) 亜鉛板はマイナスの性質を持つ電子の増加により－極になり，電子は導線を通って銅板（＋極）に向かいます。

(3) この電子の流れにより回路ができ，電子の流れと逆向きに流れる電流が発生することになります。（電子の流れ ⇔ 電流）

※銅板に到達した電子は，電解液中の水素イオンと結合し水素となります。

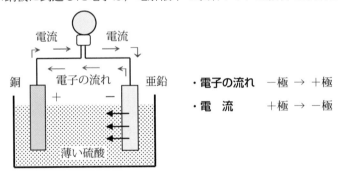

鉛蓄電池は，正極（＋）に二酸化鉛（$PbO_2$），負極（－）に鉛（$Pb$），電解液に希硫酸（$H_2SO_4$）を用いたもので，反応式は次のとおりです。

$$PbO_2 + 2H_2SO_4 + Pb \underset{充電}{\overset{放電}{\rightleftarrows}} PbSO_4 + 2H_2O + PbSO_4$$

正極　電解液　負極　　　　　正極　　電解液　　負極

電池は放電を続けると負極は溶けてしまい，放電ができなくなります。そこで，蓄電池内部に**放電時とは逆向きの電流を流して逆の化学反応を起こす**ことにより放電前の状態に戻します。これが二次電池の**充電**といわれるものです。

# ❹ 電気回路の記号

電気回路に用いる図・記号の一部です。 知っていると回路の理解に役立ちます。

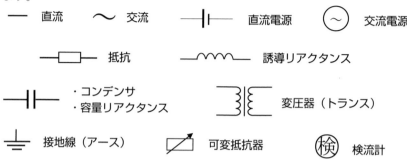

## ❺ 指示電気計器

電気的数量を指針などで指示する計器を**指示電気計器**といいます。

指示電気計器は，駆動装置・制御装置・制動装置・目盛板・指針・外箱などから構成されており，種類・作動原理等は次のようになります。

| 形式 | 記号 | 作動原理 | 回路 | 計器類 |
|---|---|---|---|---|
| 可動コイル形 | | 永久磁石の磁界の中に可動コイルを置いて，電磁力を利用する。 | 直流 | 電流計，電圧計 抵抗計，照度計 |
| 可動鉄片形 | | コイルに電流を流して磁界を作り鉄片に働く電磁力を利用する。 | 交流 | 電流計，電圧計 抵抗計，回転計 |
| 整 流 形 | | 交流を整流し，その電流をコイル形計器で読みとる。 | 交流 | 電流計，電圧計 抵抗計， |
| 振動片形 | | 振動片と交流電流の共振を利用したもの。 | 交流 | 周波数計 |
| 誘 導 形 | | 固定コイルに電流を流し，電磁誘導により円盤を回す。 | 交流 | 電流計，電圧計 電力計，回転計 |
| 電流力計形 | | 固定及び可動コイルに電流を流し相互間に働く電磁力を利用する。 | 直流 交流 | 電流計，電圧計 電力計 |
| 熱 電 形 | | 熱電対に生じる熱起電力を可動コイル形計器で測定する。 | 直流 交流 | 電流計，電圧計 電力計 |
| 静 電 形 | | 2つの電極間の静電気力を利用して測定する。 | 直流 交流 | 電圧計，抵抗計 |

## ⑥　絶縁体の耐熱クラス

　絶縁体とは，**電気**や**熱**を通しにくい性質を持つ物質をいいますが，長時間高温にさらすと劣化が起こり，絶縁物としての機能が低下又は無くなったりすることがあります。

　**耐熱クラス**は，日本産業規格（JIS）において，絶縁体を耐熱温度に従って分類したものです。

**〈参考資料〉**

| 耐熱クラス | Y | A | E | B | F | H | N | R | 250 |
|---|---|---|---|---|---|---|---|---|---|
| 最高温度℃ | 90 | 105 | 120 | 130 | 155 | 180 | 200 | 220 | 250 |

## ⑦　感電保護クラス

　感電保護クラスとは，日本産業規格（JIS）において，電気機器の感電に対する保護についての分類です。絶縁クラスとも呼ばれます。

　感電保護クラスは，絶縁による保護の状態により，クラス0，クラス0Ⅰ，クラスⅠ，クラスⅡ，クラスⅢに分類されています。

　クラスが上がるほど保護が確かなものとなります。

# 練習問題にチャレンジ！　　電気機器

## 問題 29

　50 Hz用4極の三相誘導電動機がある。　この電動機の無負荷運転速度は，おおよそ次のどのくらいか。

(1)　1200 rpm　　(2)　1500 rpm　　(3)　1800 rpm　　(4)　2000 rpm

〈解説〉　　　　　　　　　　　　　　　 P103 参照

三相誘導電動機の回転数は次により求めることができます。

$$回転数 = \frac{120 \cdot f}{P} \quad \frac{（周波数）}{（極数）} \qquad \frac{120 \times 50}{4} = 1500 \,\text{rpm}$$

解答　(2)

## 問題 30

　三相誘導電動機をスターデルタ始動する理由として，適切なものは次のうちどれか。

(1)　始動電流を減少させるため。
(2)　始動電流を増大させるため。
(3)　始動電流をデルタ結線で減少させるため。
(4)　始動電流を安定させ，回転速度を安定させるため。

〈解説〉　　　　　　　　　　　　　　　 P103 参照

　誘導電動機を直入れすると定格電流の数倍の始動電流が流れ，電動機自体に過大な負担がかかるため。

解答　(1)

## 問題 31

　三相誘導電動機を運転中に，電線二本を入れ替えて運転した場合の説明として正しいものは，次のうちどれか。

(1)　回転が停止する。　　　　(2)　回転速度が低下する。
(3)　回転方向が逆になる。　　(4)　回転速度が著しく上昇する。

〈解説〉　　　　　　　　　　　　　　　 P103 参照

　2線を入れ替えると，回転磁界の方向が逆になり，トルク方向が反対方向になるので，回転方向が逆になります。

解答　(3)

## 問題 32

変圧器の機能についての記述のうち，正しいものは次のうちどれか。

(1) 負荷の力率を改善する。 　(2) 電圧の大きさを変える。

(3) 負荷の電流を一定にする。 　(4) 電圧の変動を安定させる。

〈解説〉 　　　　　　　　　　　　　　　　　　　☞P104 参照

変圧器（トランス）は文字通り電圧を変える機器です。 　　　解答 (2)

## 問題 33

変圧器についての記述のうち，誤っているものはどれか。

(1) 変圧器の容量は，kW で表わされる。
(2) 変圧器には，絶縁と冷却のために油を入れているものがある。
(3) 2 台又は 3 台の単相変圧器を接続して変圧することもある。
(4) 変圧器を使用する回路の力率調整のために，コンデンサーが接続されることがある。

〈解説〉

変圧器の容量は，VA あるいは kVA で表わします。 　　　解答 (1)

## 問題 34

一次巻線と二次巻線の巻数の比が 3 : 1 の変圧器がある。次の記述のうち正しいものはどれか。

(1) 二次側の電力は，一次側の電力の 3 倍になる。
(2) 二次側の出力は，一次側の入力の 3 倍になる。
(3) 二次側の電圧は，一次側の電圧の 3 倍になる。
(4) 二次側の電流は，一次側の電流の 3 倍になる。

〈解説〉 　　　　　　　　　　　　　　　　　　　☞P104 参照

電圧は一次側と二次側の**コイルの巻き数に比例**して変化します。

電流は一次側と二次側の**コイルの巻き数に反比例**して変化します。

解答 (4)

# 問題 35

**変圧器の効率を算出する式として，正しいものはどれか。**

(1) 効率 $= \dfrac{出力＋銅損＋鉄損}{出力} \times 100$ （%）

(2) 効率 $= \dfrac{出力}{銅損＋鉄損} \times 100$ （%）

(3) 効率 $= \dfrac{出力}{出力＋銅損＋鉄損} \times 100$ （%）

(4) 効率 $= \dfrac{銅損＋鉄損}{出力＋銅損＋鉄損} \times 100$ （%）

〈解説〉　　　　　　　　　　　　　　　　P104 参照

▶ 変圧器の損失は，負荷電流に関係する負荷損失（主に銅損）と負荷電流に関係しない損失（主に鉄損）があります。

▶ 一般的には，力率100 %，温度75 ℃，波形は正弦波を基準に計算します。

解答　(3)

# 問題 36

**下記の組合わせのうち，誤っているものはどれか。**

(1) 三相交流　…　

(2) 変 圧 器　…

(3) 直流電源　…

(4) コンデンサ　…

〈解説〉　　　　　　　　　　　　　　　　P106 参照

(3)は交流電源の図記号です。

解答　(3)

## 問題 37

事務所で使用しているコンセントに100 V，15 A の表示がある。このコンセントで使用できる最大電力は，次のどれか。

(1)　15 W　　　(2)　150 W　　　(3)　1000 W　　　(4)　1500 W

〈解説〉

電力（$W$）＝ $I$（電流）× $E$（電圧）で算出できます。

解答　(4)

## 問題 38

電気設備や機器類のうち，一般家庭の家電製品と言われるものに用いられるアース（接地工事）の種類は，次のどれか。

(1)　A種　　　(2)　B種　　　(3)　C種　　　(4)　D種

〈解説〉

P95 参照

低圧300 V 以下に感電防止用として設置されます。

解答　(4)

## 問題 39

下図は，指示電気計器の記号の例である。次のもののうち交流回路に使用できない計器はどれか。

(1)　　　　　　(2)　　　　　　(3)　　　　　　(4)

〈解説〉

P106 参照

(1)の可動コイル形計器は直流用で，交流には使用できません。

(3)(4)は交流用，(2)は交・直の両用計器です。

解答　(1)

# 第 2 編

# 構造・機能・規格 工事・整備

---

**学習のポイント**

　泡消火設備は，**水**と**泡消火薬剤**の水溶液をつくり，その水溶液に**空気**を混和して大量の**泡消火剤**を発生させ，それを放射して消火する設備です。

　泡消火設備を構成する水源，加圧送水装置，ポンプ，ポンプ性能試験配管，呼水装置，逃し配管，流水検知装置，一斉開放弁，起動装置，非常電源・配線等は，泡消火剤を安定的に確実に供給するための重要な装置・機器類です。項目ごとに確実に把握するようにしましょう。

　また，後半の混合装置，泡消火薬剤の基準・点検器具類・点検項目，泡放出口等は，高出題率の部分です。

# 泡消火設備について

　泡消火設備は，油類の火災など水による消火が適さない火災に対応した消火設備です。

　**燃焼物を泡消火剤で覆って**燃焼の三要素の一つである**酸素（空気）を遮断**することによる**窒息消火**を目的としています。

　泡を構成する水の冷却効果も若干あります。

## 設備の概要

設備の形態としては，**固定式**と**移動式**に大別されます。

##  固定式泡消火設備

　固定式とは**泡放出口**が，配管などに固定されている設備をいいます。

【例】　▶開放式スプリンクラー設備タイプの「泡ヘッド」を用いる設備
　　　　▶発泡機，泡チャンバー，モニターノズル等を用いる設備

泡の放出方式により次のものがあります。

　　・**全域放出方式** … 防護区画全体に泡を放出する方式。
　　・**局所放出方式** … 特定の防護対象物に対し泡を放射する方式。

　固定式泡消火設備の起動は**自動火災感知装置**や**手動起動装置**を用いて自動又は手動で行います。

### ≪設備の構成例 ①≫

　設備の構成は概ね次のようになります。

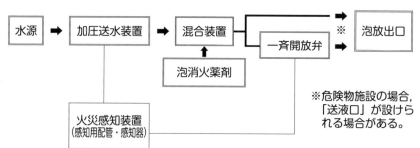

≪設備の構成例 ②≫

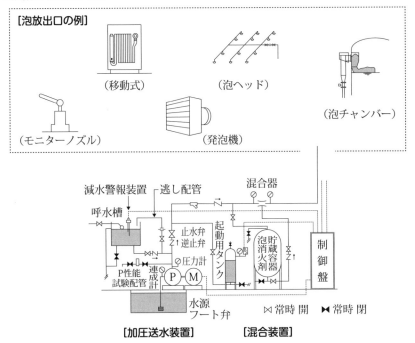

[泡放出口の例]

（移動式）　（泡ヘッド）　（泡チャンバー）

（モニターノズル）　（発泡機）

減水警報装置　逃し配管　　混合器
呼水槽
止水弁　起動用タンク　泡消蔵容器　制御盤
逆止弁
P性能試験配管　連成計　圧力計
P　M
水源
フート弁　◁▷ 常時 開　▶◀ 常時 閉

[加圧送水装置]　[混合装置]

# ② 移動式泡消火設備

　移動式とは，泡ノズル・ホースを人が操作して，防護対象物に泡消火剤を放射する設備をいいます。

　　▶ 移動式は，火災時に煙が充満するおそれのない所に設置できます。
　　▶ 泡放射用具格納箱には「移動式泡消火設備」と表示します。
　　▶ 格納箱の上部に赤色の「表示灯」を設けます。
　　▶ 移動式泡消火設備は「泡消火栓」ともいわれます。
　　▶ 泡消火薬剤は低発泡のものが用いられます。

移動式泡消火設備の例
（薬剤タンク付の例）

## 泡消火剤　（ 水 ＋ 泡消火薬剤 ＋ 空気 ＝ 泡消火剤 ）

　**泡消火剤**は，**水**と**泡消火薬剤**を適切に混合して**水溶液**をつくり，放出する際に放出口の「空気取入口」から**空気**を取り入れ，**空気泡**（機械泡）を発生させます。

### 【泡の膨張程度】

　泡水溶液から発生する泡の体積の程度を表したものを**膨張比**といいます。
　膨張比には低発泡・高発泡があり，泡放出口の種類により決まります。

（消則第18条）

| | | | |
|---|---|---|---|
| (1) | **低発泡** | 膨張比が，20以下の泡 | 泡ヘッド 泡ノズル |
| (2) | **高発泡** | 膨張比が，80以上1000未満の泡<br>第1種の泡：膨張比80以上250未満の泡<br>第2種の泡：膨張比250以上500未満の泡<br>第3種の泡：膨張比500以上1000未満の泡 | 高発泡用 泡放出口<br>（発泡機等） |

## 設置対象物

　泡消火設備は，防火対象物の下記部分が設置対象となります。

- 飛行機・回転翼航空機の格納庫，屋上の離発着場
- 道路の用に供される部分
- 駐車の用に供される部分
- 自動車の修理・整備の用に供される部分
- 指定可燃物を貯蔵・取り扱う場所

# 1 設備の構成

泡消火設備は，水源・加圧送水装置・ポンプ・ポンプ性能試験配管・呼水装置・逃し配管・流水検知装置・一斉開放弁・泡放出口・泡消火薬剤・混合装置・起動装置・非常電源・配線等から構成されています。

## 1 水 源

泡水溶液をつくるための水源となる水槽等には，消火設備を有効に機能させるために必要な水量（有効水量）を確保しなければなりません。

**[有効水量]**…水槽の種類・形状により，有効水量の算出方法が異なる。

① **水槽を，地上又は床上に設ける場合**
- 水の取出し口のパイプ上部より，水面までが有効水量となります。

② **水槽を，地下又は床下に設ける場合**
- ポンプのフート弁の吸込み口上端より，吸込み管の内径の1.65倍以上の上部より水面までが有効水量となります。

③ **圧力水槽を設ける場合**
- 圧力水槽の容積の3分の2以下に必要な水量を確保すること。

※泡消火設備の貯水槽は専用とする。
- 泡設備は消火薬剤を使用するため，一般給水用と共用できません。

①
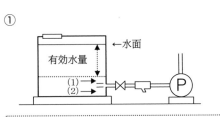

(1)の間隔：1.65D以上　(2)の間隔：150mm以上

②
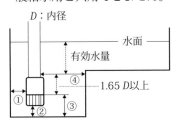

①：0.5D以上　②：50mm以上
③：1.0D以上　④：5D以上

③
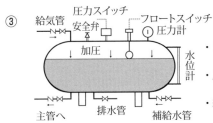

- フロートスイッチ：「減水警報」及び
「補給水ポンプ運転」用
- 圧力スイッチ：「減圧警報」及び
「加圧ポンプ運転」用
- 給気管：加圧ポンプより空気を送り，
タンク内を加圧する。

## 練習問題にチャレンジ！  泡消火設備

### 問題 1

次の泡消火設備についての記述のうち，正しいものはいくつあるか。

A 泡消火設備には，固定式と移動式がある。

B 固定式，移動式いずれの設備にも自動火災感知装置が設けられる。

C 火災感知用スプリンクラーヘッドからも泡を放出する。

D 火災感知用には，閉鎖型スプリンクラーヘッドなどが用いられる。

  (1) 1つ    (2) 2つ    (3) 3つ    (4) 4つ

〈解説〉 P114 参照

A ○ 泡放出口が配管等に固定された固定式と泡消火栓のように泡放出口自体が移動できる移動式があります

B × 移動式には自動火災感知装置は設けられません。

C × 火災感知用ヘッドは構造上泡を放出することはできません。

D ○ ＡＤが正しい記述をしています。　　　|解答　(2)|

## 練習問題にチャレンジ！  設備の構成

### 問題 2

消火設備の水源の記述について，正しいものはどれか。

(1) 消火設備の水槽は，一般給水用の水槽とは別に設ける。

(2) フート弁吸込口の上端より水面までが有効水源水量である。

(3) 泡消火設備の水槽は，一般給水用の水槽とは別に設ける。

(4) 水源水槽の3分の2以上の貯水量がその消火設備の有効水源水量である。

〈解説〉 P117 参照

泡消火設備は泡消火薬剤を使用するため，泡消火薬剤が一般用の給水に混入するのを避けるための措置です。

したがって(3)が正しい記述をしています。　　　|解答　(3)|

## 問題 3

消火設備の水源水槽についての記述のうち，正しいものはいくつあるか。

A　圧力水槽の給水管の先端にはフート弁が設けられる。
B　水源水槽として圧力水槽を用いることがある。
C　水源水槽を地上又は床上に設けることがある。
D　地下の水源水槽内の吸水管には一般的にフート弁が設けられる。

(1)　1つ　　　(2)　2つ　　　(3)　3つ　　　(4)　4つ

〈解説〉　　　　　　　　　　　　　　　　　　　　　P117 参照

A　×　圧力水槽は水槽に加えられた圧力で水を放出するため，ポンプで吸水することがないので，フート弁は用いません。
B　○　圧力水槽を用いることがあります。
C　○　よく見かけます。
D　○　BCDが正しい記述をしています。　　　　　解答　(3)

## 2　加圧送水装置 （消則12条, 告示）

　加圧送水装置は，水に圧力を加えて送水を行う設備です。
　加圧送水装置には，①高架水槽，②圧力水槽，③ポンプ等が用いられます。一般的にはポンプが多く用いられるが，いずれも適正な放射圧力を確保するための能力(揚程)が定められています。

[設置上の留意点]
- 放水口の設計圧力，ノズルの放射圧力の許容範囲に注意すること。
- 点検に便利で，火災の延焼のおそれ及び振動・衝撃による損傷のおそれのない場所に設けること。
- 火災等の発生時に機能の確保が憂慮される場所では，その区画を防護するか，他の設備機器等との距離を相当隔てるなどの措置をすること。
- 非常電源を附置すること。

## ❶ 高架水槽 を用いる場合

　水槽をビルの屋上や高架など高い位置に設置して，**落差による圧力**により送水する方式です。

　**必要な落差〔$H$〕**：（高架水槽の下端から放出用ヘッド，ノズルまでの垂直距離）

$$H \geqq h_1 + h_2 + h_3 \quad \text{〔m〕}$$

　　　$h_1$：固定式泡放出口の設計圧力換算水頭又は
　　　　　移動式泡設備のノズルの放射圧力換算水頭〔m〕
　　　$h_2$：配管の摩擦損失水頭〔m〕　　$h_3$：移動式用ホースの摩擦損失水頭〔m〕

　　付属設備：水槽，水位計，制御盤，排水管，補給水管，マンホール等

　＊水頭（すいとう）とは，水の持つエネルギーを**水柱の高さ**〔m〕に置き換えたものです。
　＊配管との摩擦・部品の曲がり・出入口などで失われるエネルギーとして**損失水頭**があります。

## ❷ 圧力水槽 を用いる場合

　水槽内を圧縮空気で加圧し，その圧力で水槽内の水を送水する方式です。

　**必要な圧力〔$P$〕**

$$P \geqq P_1 + P_2 + P_3 + P_4 \quad \text{〔MPa〕}$$

　　　$P_1$：固定式の泡放出口の設計圧力換算水頭圧又は移動式の泡ノズルの
　　　　　放射圧力換算水頭圧〔MPa〕
　　　$P_2$：配管の摩擦損失水頭圧〔MPa〕　　$P_3$：落差の換算水頭圧〔MPa〕
　　　$P_4$：移動式用ホースの摩擦損失水頭圧〔MPa〕

　　付属設備：水槽，コンプレッサー，制御盤，水位計，排水管，補給水管，
　　　　　　　マンホール，圧力計等

## ③ ポンプ を用いる場合

ポンプの羽根車の回転により水に運動エネルギーを与えて送水する方式です。

**ポンプの全揚程〔$H$〕**（全揚程とは：当該設備に必要な「ポンプの能力」をいう）

$$H \geqq h_1 + h_2 + h_3 + h_4 \quad 〔m〕$$

$h_1$：固定式の泡放出口の設計圧力換算水頭又は移動式の泡ノズルの放射圧力換算水頭〔m〕

$h_2$：配管の摩擦損失水頭〔m〕　　$h_3$：落差〔m〕

$h_4$：移動式用ホースの摩擦損失水頭〔m〕

＊ポンプの揚程とは，ポンプを使って水を押し揚げる高さのこと。

### ポンプの吐出量

ポンプの吐出量には次のような定めがあります。

**「ポンプの吐出し量が定格吐出量の150％である場合における全揚程は，定格揚程の65％以上の性能でなければならない」**

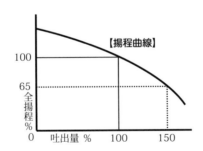

### ポンプ電動機の出力

$$P 〔出力〕 = \frac{0.163 \times Q \times H}{\eta} \times k \quad 〔kW〕（キロワット）$$

$Q$：ポンプ吐出量〔$m^3$/分〕
$H$：全揚程〔m〕
$\eta$：ポンプ効率（0.4〜0.8等）
$k$：伝達係数（直結で1.1〜1.2）

※ポンプ効率は％（80％等）で表わすが，算式には0.8など実数を入れる。

※ポンプ吐出量は「$m^3$」で算入する。（例：300 L/分 ＝ 0.3$m^3$/分）

## 問題 4

　消防用設備等の加圧送水装置にポンプを用いる場合についての記述のうち，**誤っているもの**はどれか。

　(1)　水源水位がポンプより低い位置にある場合は，呼水装置を設ける。
　(2)　消火設備のポンプに用いる原動機は，電動機でなければならない。
　(3)　ポンプの吸水管には，ろ過装置を設けなければならない。
　(4)　ポンプは火災などの被害を受けない場所が設置の必須条件であるが，平常時に行なわれる点検では考慮しなくてよい。

〈解説〉　　　　　　　　　　　　　　　 P121・P124 参照

　加圧送水装置としてのポンプの設置個所は，火災などの被害を受けない場所であるとともに点検に便利な場所であることが定められています。
　したがって(4)が誤りの記述となります。

解答　(4)

## 問題 5

　消火設備の加圧送水装置についての記述のうち，**正しいもの**はいくつあるか。

　A　ポンプ原動機には，内燃機関を用いることができる。
　B　ポンプは他の消火設備と共用することができる。
　C　正常運転を継続した際に水温上昇を起こさないように逃し配管を設ける。
　D　ポンプは吸水面からポンプの中心までの高さを 6 m 以内に設置する。

　　(1)　1つ　　　　(2)　2つ　　　　(3)　3つ　　　　(4)　4つ

〈解説〉　　　　　　　　　　　　　　　　　　　P124 参照

　A　×　ポンプの原動機は電動機（モーター）と定められています。
　B　○　ポンプを他の消火設備と兼用・併用する場合は，それぞれの消火設備に支障のない範囲で認められています。
　C　×　「締切運転を継続した際」が正しい表記です。
　D　○　Dは正しい記述をしています。

解答　(2)

## 問題 6

　消火設備の加圧送水装置に関する記述のうち，誤っているものは
どれか。

(1) 消火用ポンプには，往復運動ポンプは使用されない。

(2) 多段式タービンポンプは，一般的に高揚程用として用いられる。

(3) 消火用ポンプには，ポンプの性能を試験するための配管設備が設け
られる。

(4) 一般にポンプのトラブルであるサージングは，吸水面からポンプの
中心までの高さが高すぎる場合に起こるトラブルである。

〈解説〉　　　　　　　　　　　　　　　　　　　　☞P124 参照

　往復運動ポンプは**水脈が脈動**し，安定した放射量が得られないために，使用
できません。

　ポンプはタービンを増やすことにより，ポンプの水を揚げる能力（揚程）を
増やすことができます。

　(4)で説明しているトラブルの原因は，キャビテーションの説明でサージング
の説明ではありません。　　　　　　　　　　　　　　　　　　解答　(4)

# 3 ポンプ・周辺機器

## [ポンプを用いる場合の留意点]

- ポンプは専用とする。
  - ・他の消火設備と兼用・併用する場合は，それぞれの設備に支障のないものとする。
  - ・安定した放射量等を得るため，往復運動ポンプは使用できない。
- 原動機は，電動機（モーター）とする。
- ポンプには，**吐出側に圧力計，吸込側に連成計**を設ける。
- 定格負荷運転時のポンプの性能を試験する**ポンプ性能試験配管**を設ける。
- 締切運転時における水温上昇防止のための**逃し配管**を設ける。
- ポンプは水源の近くに設置し，吸水面からポンプの中心までの高さを**6 m以内**に設置する。（位置が高すぎるとキャビテーション発生の原因となる）

### ＜一般的に用いられるポンプ＞

▸ ボリュートポンプ　（一般型，低揚程用）
▸ タービンポンプ　　（多段型，高揚程用）

＜ボリュートポンプ＞　　　　　　＜タービンポンプ＞

---

※呼水ロート：ポンプ内に水が無いなどの場合はポンプを運転しても水を吸い上げることができないため，緊急措置としてポンプに水を補給する部分である。
※消防用設備では，万一の際に自動的に給水できるように呼水装置を設けている。
※ポンプが正常運転している場合は，呼水ロートのバルブを開けると水が吹き出る。

## ポンプのトラブルの例

- キャビテーション
  - ポンプ内に空洞ができ，液体に局部的蒸発が起きて気泡を発生すると，金属音・振動を発する。（空洞現象ともいう）
- サージング
  - ポンプが息をつくような運転状態になり，圧力計・連成計の指針がゆっくり上下し，吐出量が変化する。
- ウォーターハンマー
  - 配管内の流れを急に閉めたり，ポンプの運転停止をした場合に，配管に異常な衝撃音や振動を発生する。

 # 逃し配管（水温上昇防止用逃し配管）

締切運転を連続した場合でもポンプ内の水温上昇を防止するために，少量の水を逃すための配管です。

- 逃す水量は，揚水量の3％〜5％程度で，ポンプ内部の水温が30度以上上昇しないために必要な水量とする。
  （通常運転中でも，一定の水量は逃げている）

- ポンプ運転中は，常に呼水槽などに放水するものであること。

- 逃し配管の口径は呼びで15以上とし，オリフィス及び止水弁を設ける。

- 逃し配管は，ポンプ吐出側逆止弁の一次側で，呼水管の逆止弁のポンプ側に接続されていること。（ポンプ本体において逃す構造のものは除く）

# ポンプ性能試験配管

「定格負荷運転時のポンプ性能を試験するための装置」です。

↳ 消火設備全体を作動させないで，ポンプの性能を試験する配管のこと。

## ＜基準上の留意点＞

▶ ポンプ性能試験配管は，ポンプ吐出側逆止弁の一次側に接続すること。

▶ ポンプの負荷を調整するための流量調整弁，流量計等を設けていること。

▶ 整流のための直管部の長さは，流量計の性能に応じたものとすること。

▶ 流量計は差圧式のものとし，定格吐出量を測定できるものであること。

▶ 配管の口径は，ポンプの定格吐出量を十分に流すことができること。

## ＜ポンプ性能試験の方法＞

① ポンプ吐出側直近の止水弁を閉止してポンプの運転をする。（締切運転という）

② ポンプの吐出側圧力計が「ポンプ性能曲線」の締切揚程を示すまで，締切運転をする。

③ ポンプの吐出側圧力計が締切揚程を示したら，試験用配管のバルブを開け，流量計により流量の計測をする。

④ 流量の計測と同時に，圧力計，連成計，水源の位置などから全揚程を計測する。

⑤ 上記の方法等により「ポンプ性能曲線」に適合しているか否かを試験する。

⑥ ポンプ制御盤の電流計等によりモーターの負荷状態が適正であるか確認する。

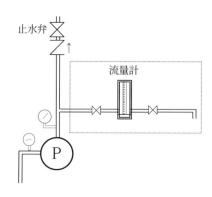

# ③ 呼水装置

　ポンプ内の水が無くなったり・不足すると，ポンプが起動しても水を吸い上げることができないため，**自動的にポンプ内や吸込管を充水する装置**である。

- **水源の水位がポンプより低い位置**にある場合に設ける。
- 呼水装置には，**専用の呼水槽**を設ける。
- 呼水槽の容量は，加圧送水装置を有効に作動できる容量とする。
  （100 L 以上）（フート弁の呼び径が150以下の場合は，50 L 以上）
- 呼水槽には，減水警報装置の発信部を設けること。
  ・有効貯水量が**2分の1に減水する前に発信**すること。
  ・**表示灯は橙色**とし，警報はベル・ブザー等により音響を発すること。
- 呼水槽には自動的に水を補給するための装置が設けられていること。
- 呼水装置の配管口径は，**補給水管は呼び15以上**，**呼水管は呼び40以上**，**溢水用排水管は呼び50以上**とする。

※呼水装置は，呼水槽，溢水用排水管，排水管，減水警報装置の発信部，呼水槽への自動補給水管，止水弁，逆止弁より構成されていること。

※呼水槽の材質は，鋼板，合成樹脂，又はこれらと同等以上の強度，耐食性，耐熱性を有するものとし，腐食するおそれがある場合は有効な防食処理を施したものとする。

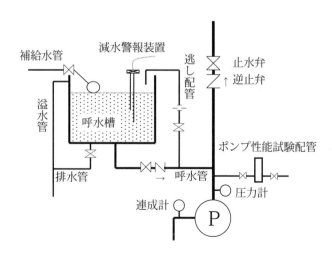

# ④ 圧力計・連成計

ポンプの吐出側には「圧力計」，吸込側には「連成計」を取り付ける。

❏ **圧力計**：配管内の圧力を測る計器で，大気圧を 0（ゼロ）として大気圧以上の圧力を表示する。

（ポンプが水を押し上げると，その圧力が表示される）

❏ **連成計**：圧力計と同様に配管内の圧力を測る計器であるが，圧力計と異なる点は，0（ゼロ）以下の目盛があり，大気圧以下の圧力（負圧）をも表示することができる。

（水を吸い上げるときマイナス側を示す）

# ⑤ ろ過装置

❏ **ストレーナ**：配管内にゴミ等が詰まるとポンプ機能の低下や放射障害などの支障をきたすので，ゴミなどを「ろ過」する。

▶ 配管の途中に「Y型ストレーナ」がよく用いられる。

▶ スクリーンの網目又は円孔の径は，最小通水路の 2 分の 1 以下とする。

▶ スクリーンの網目又は円孔の面積の合計は，配管断面積の 4 倍以上とする。

❏ **フート弁**：ポンプの吸込み管の先端に設ける弁で，「逆流防止」と「ろ過装置」の機能を備えている。

▶ 貯水槽がポンプの位置より下にある場合において，フート弁の逆流防止機能により水の吸い上げが可能となる。

▶ フート弁は，ろ過装置を有するとともに，鎖・ワイヤー等で**開閉できる構造**とすること。

（弁体を開閉し，弁についたゴミ・水垢等を取るためのもの）

▶ フート弁は容易に点検できるものであること。

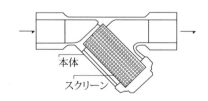

本体
スクリーン

## 問題 7

消火設備に用いる「ポンプ」についての記述のうち，正しいものはどれか。

(1) ポンプの吸水管には吸水障害を避けるため，ろ過装置を設けないこと。
(2) 有効水源水量とは，フート弁の吸込み口上端より水面までの水量をいう。
(3) フート弁は，弁を開閉できるように措置されていること。
(4) 消火設備のポンプの原動機は，電動機又は内燃機関を用いる。

〈解説〉　　　　　　　　　　　　　P117・P124 参照

(1) ×　ポンプより下にある水源水槽の吸水管には，ろ過装置を設ける。
(2) ×　フート弁の吸込み口上端より吸い込み管の直径の1.65倍の上部より水面までの水量が規定の水源水量である。
(3) ○　フート弁の上部より，チェーンなどで弁体を開閉できるように措置されている。
(4) ×　内燃機関は使用できません。　　　　　　　　 解答 (3)

## 問題 8

ポンプに設置する圧力計，連成計についての記述のうち，正しいものはどれか。

(1) ポンプの吐出し側に圧力計，吸込み側に連成計を設ける。
(2) ポンプの吐出し側に連成計，吸込み側に圧力計を設ける。
(3) 連成計は，ポンプの吐出し側に取り付ける場合がある。
(4) ポンプのサクション側配管には，圧力計を設置しなければならない。

〈解説〉　　　　　　　　　　　　　　　　　　P128 参照

　ポンプの吐出側（二次側）に圧力計，吸込み側（一次側）に連成計を設置します。また，サクション側とは入口側（吸込み側）のことです。
　圧力計，連成計の位置関係は出題率の高い部分です！　　 解答 (1)

# 問題 9

　ポンプの逃し配管についての記述のうち，誤っているものはどれか。

(1)　逃し配管とは，ポンプの締切運転を継続した場合でもポンプ内の水温上昇を防止するため，少量の水を逃すための配管である。

(2)　ポンプ運転中は，常に呼水槽などに放水するものである。

(3)　逃し配管の口径は呼びで20以上とし，オリフィス及び止水弁を設ける。

(4)　逃し配管は，ポンプ吐出側逆止弁の一次側で，呼水管の逆止弁のポンプ側に接続されていること。

〈解説〉　P125 参照

(1)(2)(4)が正しい記述をしており，(3)が誤りです。

　逃し配管の口径は，呼びで15以上が正しい記述です。　| 解答　(3) |

# 問題 10

　ポンプ性能試験配管についての記述のうち，誤っているものはいくつあるか。

A　定格負荷運転時のポンプ性能を試験するための装置である。

B　流量計は定格吐出量を測定できるものであること。

C　配管の口径は，ポンプの定格吐出量を概ね流すことができるものであること。

D　ポンプの負荷を調整するための流量調整弁及び流量計等を設けていること。

(1)　1つ　　　(2)　2つ　　　(3)　3つ　　　(4)　4つ

〈解説〉　P126 参照

　ポンプ性能試験配管の口径は，ポンプの定格吐出量を**十分に流すことができる**ものと定められています。

　したがって，Cが誤りとなります。　| 解答　(1) |

# 問題 11

　ポンプ吸水管に設けるフート弁に関する記述のうち，適切でないものはどれか。

(1) フート弁は呼び水を送ると閉じる。
(2) ポンプを運転するとフート弁が開く。
(3) フート弁が開いている状態は吸水状態である。
(4) ポンプのドレンコックを開くとフート弁は閉じる。

〈解説〉 P128 参照

　通常の場合，ポンプ内の水又は吸水管内の水の圧力でフート弁は閉じています。ポンプを運転し吸水が始まるとフート弁は開きます。

　ドレンコックの開閉とフート弁の開閉は関係ありません。 解答　(4)

# 問題 12

　消火設備用ポンプの電動機が過負荷となる直接原因として考えられるものは，次のうちいくつあるか。

A　ポンプ内に空気を吸い込んでいる。
B　回転体と静止部が接触している。
C　ポンプと電動機の軸心が狂っている。
D　グランドパッキン潤滑用の液流が停止している。

(1) 1つ　　(2) 2つ　　(3) 3つ　　(4) 4つ

〈解説〉

A　×　ポンプが空気を吸い込んだ状態で運転した場合でも，規定の水量が確保されないことがあるが，過負荷の直接的原因とはならない。

B　○　回転体が静止部に触れながらの回転は当然に過負荷の原因になる。

C　○　ポンプの軸心と電動機の軸心の狂いは，電動機の運転に異常な負担となる。

D　○　潤滑用の液流がないため摩擦が発生し過負荷となる。 解答　(3)

# 問題 13

**呼水槽についての記述のうち，誤っているものはどれか。**

(1) 呼水槽には，自動補給水管が設けられる。

(2) 呼水槽には，減水警報装置の発信部が設けられる。

(3) 呼水槽には，満水警報装置の発信部が設けられる。

(4) 呼水槽には，呼水管が接続され止水弁・逆止弁が設けられる。

〈解説〉 ☞P127 参照

水源水槽がポンプより下にある場合に呼水槽が設けられます。

呼水槽の水が必要以上に減水しないための減水警報装置はあるが，満水警報装置はない。

解答　(3)

# 問題 14

**消防用設備の呼水装置についての記述のうち，誤っているものはどれか。**

(1) 呼水装置の減水警報装置には，一般的にブザーやベル及び橙色の灯火が用いられる。

(2) 呼水装置の容量が十分な容量を有する場合は，他のポンプと共用とすることができる。

(3) 呼水装置は，ポンプの種類にかかわらず，水源水位より上部にポンプを設置する場合に設けられる。

(4) 呼水装置に用いる呼水槽の容量は，加圧送水装置を有効に作動できる容量で，一般的には100リットル以上とされている。

〈解説〉 ☞P127 参照

常に一定である呼水槽の水量が減じた場合，呼水槽の水量が2分の1に減じるまでの間に減水警報装置が作動し，橙色の灯火とブザーやベルなどの音響とともに警報を出す仕組みになっています。

また，呼水槽は専用とし，共用することはできません。(2)が誤りです。

(1)(3)(4)は，正しい記述をしています。

解答　(2)

## 問題 15

消火設備に設ける呼水装置についての記述のうち，正しいものはどれか。

(1) 呼水装置には，専用の呼水槽を設ける。
(2) ポンプを用いる場合には，必ず呼水槽を設ける。
(3) 水量が十分に確保できる場合は，他の呼水槽と兼用できる。
(4) 呼水槽の水量が2分の1に減じた場合に発信する減水警報装置を設ける。

〈解説〉　P127参照

　減水警報装置は，呼水槽の水量が2分の1になった時点で警報を出すのではなく，呼水槽の2分の1に減水する前に発報する決まりです。

解答 (1)

## 問題 16

消防用設備の呼水装置に関するもののうち，正しいものはいくつあるか。

A　補給水管の口径は，呼び15以上とする。
B　呼水管の口径は，呼び25以上とする。
C　溢水用排水管の口径は，呼び50以上とする。
D　呼水槽の容量は，50リットル未満でもよい場合がある。

(1) 1つ　　(2) 2つ　　(3) 3つ　　(4) 4つ

〈解説〉　P127参照

A　○　呼水槽に水を補給する補給水管の口径は呼び15以上
B　×　ポンプ二次側と接続する呼水管の口径は呼び40以上
C　○　呼水槽の溢水用排水管の口径は呼び50以上
D　×　50リットル以上でもよい場合はあります。

解答 (2)

**一斉開放弁** （内径300 mm 以下の基準）

自動又は手動により作動（開放）させ，防護区域の全ての開放型ヘッドから消火剤を一斉に放射させるための弁です。

- 一斉開放弁は，開放型ヘッドが使用される設備において，**ヘッドと流水検知装置との間**に設けられる。

  （開放型ヘッド：泡ヘッド，開放型 SP ヘッド，水噴霧ヘッド等）

- 一斉開放弁の**平常時の状態**は「**閉**」である。

- 起動装置の作動により，一斉開放弁の本体内に差圧が生じて「弁」が開放される。

- **起動装置の作動**から**15秒以内**に開放すること。

  （内径200㎜を超えるものは60秒以内）

- 弁体の開放後に通水が中断した場合でも，再び通水ができること。

- 一斉開放弁の**二次側配管**には，亜鉛メッキ等による**防食処理を施す**こと。

- 一斉開放弁の**起動部又は手動式開放弁**は，火災のときでも容易に接近できる場所で床面より**0.8 m 以上1.5 m 以下**の箇所に設ける。

- **手動式開放弁**は**30秒以内で全開**でき，操作に必要な力は150 N 以下であること。

- 二次側配管部分には，放水区域に放水することなく一斉開放弁の作動を試験するための装置を設けること。（**試験用配管，テスト弁**，止水弁）

- 一斉開放弁の表示

  ・種別及び型式番号 　・製造者名又は商標 　・製造年 　・製造番号

  ・取付方向 　・内径呼び及び一次側の使用圧力範囲

  ・流水方向を示す矢印 　・直管相当長さで表わした圧力損失値 等

- 上記のほか，配管との接続部の内径が300 mm 以下のものは「規格省令」で技術基準が定められている。

- 一斉開放弁には「減圧開放式」「加圧開放式」がある。

**<減圧開放式>**

（平常時）　　　　　　　　　（開放時）

シリンダー

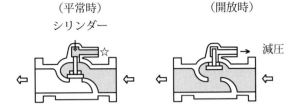

減圧

※シリンダー内および感知用配管への充水は，一斉開放弁の一次側から供給される。
※☆印の部分に，感知用配管，手動開放弁用配管が接続される。

**<加圧開放式>**

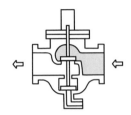

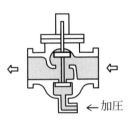

← 加圧

 **逆止弁**（チャッキ弁）（check valve）

「**配管内の水を逆流させないための弁**」である。

- 逆止弁には「**流水方向**」を表示しなければならない。
- 水系消火設備の「逆止弁」には，一般的に**スイング式・リフト式**が用いられる。
  - **スイング式**：立て管，横引き管，に使用できる。
  - **リフト式**：横引き管にのみ使用できる。

**<スイング式>**　　　　　　　　　　　　**<リフト式>**

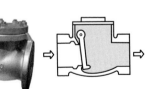

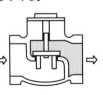

※消防用設備には「スイングチャッキ弁」・「リフトチャッキ弁」が多く用いられるが，逆止弁にはバタフライチャッキ弁，ボールチャッキ弁，ねじ締めチャッキ弁など種々のものがある。

# 練習問題にチャレンジ！ 　一斉開放弁

## 問題 **17**

　消防用設備に用いる一斉開放弁に関する記述のうち，誤っているものはどれか。

(1)　弁体は常時開放状態にあり，起動装置の起動により作動する。

(2)　本体及びその部品は，保守点検及び取替えが容易にできること。

(3)　弁体の開放後に通水が中断した場合でも，再び通水できること。

(4)　一斉開放弁は，水噴霧消火設備，泡消火設備にも用いられる。

〈解説〉　P134 参照

　一斉開放弁は常時「閉」の状態で，感知用配管など起動装置の起動により自動的に作動（開放）します。　　　　　　　　　　　　　解答　(1)

## 問題 **18**

　一斉開放弁についての記述のうち，誤っているものはどれか。

(1)　一斉開放弁は，本体内に差圧が生じたときに弁体が開放される。

(2)　規格省令では，一斉開放弁と配管の接続部の内径が300 mm 以下のものについて，基準を定めている。

(3)　内径が200 mm 以下の一斉開放弁は，起動装置の開放から15秒以内に開放するものであること。

(4)　一斉開放弁の一次側配管に金属管を用いるものは，防食処理を施すこと。

〈解説〉　P134 参照

　平常時の一斉開放弁は閉じており，常時二次側配管内は空気に晒されているため，金属管を用いている場合は防食の必要がある。

　(4)は一斉開放弁の一次側ではなく二次側配管とすべき。　　　解答　(4)

## 問題 19

泡消火設備に用いる一斉開放弁に関する記述のうち，誤っている
ものはどれか。

(1) 流れの方向が矢印で表示されている。

(2) 1の放水区域に2個まで設けることができる。

(3) 設置する場合，なるべく露出させることが望ましい。

(4) 起動操作部は，床面から0.8 m以上1.5 m以下の高さに設置する。

〈解説〉 👉 P134 参照

一斉開放弁は放水区域ごとに設置するので，同一放水区域に2個以上設ける
ことはありません。 | 解答 (2) |

---

## 5 起動装置

# 起動装置

### 【自動式の起動装置】

自動火災報知設備の①感知器の作動又は②火災感知用ヘッドの開放と連動し
て加圧送水装置，一斉開放弁，泡消火薬剤混合装置を起動できるものとする。

（自動火災報知設備の受信機が設置されている場所に常時人がいて，火災発生時
に手動起動操作ができる場合は自動式としなくてよい。）

① 「感知器」を用いる場合（自動火災報知設備と連動）

▶ 感知器を用いるものは，自動火災報知設備の基準により設ける。

▶ 感知器の種別は，熱式の1種・2種・特種（定温式に限る）を使用する。

② 「閉鎖型スプリンクラーヘッド」を火災感知用として用いる場合

▶ ヘッドの表示温度は79℃未満とし，1個の警戒区域は20 m²以下とする。

▶ 感度種別が2種のものの取付面は床面から5 m以下とし，火災を有効に
感知できるように取り付ける。

（ヘッドの感度種別が1種のものは，取付面を7 m以下とすることができる。）

▶ 感知用ヘッドとともに流水検知装置や起動用圧力槽が用いられる。

▶ 感知用配管は，管の呼び15以上とし，適切な口径及び長さとする。

## 【手動式の起動装置】

- 起動操作は，押しボタン・バルブ・コック等で1動作で行えるものとする。
- 直接操作又は遠隔操作により，加圧送水装置，手動式開放弁，泡消火薬剤混合装置，を起動できるものであること。
- 起動装置の直近の見やすい個所に，起動装置である旨の**標識を設ける**。
- 2以上の放射区域がある場合は，**放射区域を選択できる**ものとする。
- 手動式の起動操作部は，火災のとき容易に接近することができ，かつ，床からの高さが0.8 m以上1.5 m以下の箇所に設ける。
- 手動式開放弁は，開放操作に必要な力が150 N（15 kg）以下のものとする。
- 起動装置の操作部には，有機ガラス等による有効な防護措置を施す。

## 【移動式の起動】

- 移動式泡消火設備の起動は，直接操作できるものであり，かつ，格納箱内部又は直近の箇所に設けられた操作部から遠隔操作できるものであること。
- 移動式泡消火設備には，自動火災感知装置は設置しない。
- 赤色の起動表示灯を格納箱の上部または直近に設ける。
- 起動装置の操作部及びホース接続口には，その直近の見やすい個所にそれぞれの起動装置の操作部及びホース接続口である旨の標識を設ける。

## ≪停止操作≫

- ▶ 加圧送水装置の**「停止」**は，**直接操作によってのみ停止**されるものであること。（消火ポンプ制御盤の停止ボタンを押す）
- ▶ 加圧送水装置は，「消火ポンプ制御盤」以外では停止ができない。

# ② 起動のしくみ

① 「流水検知装置」による起動（自動・手動）
- 火災感知用ヘッドの開放又は感知器の作動と連動して，一斉開放弁が解放され，配管内の水が移動することにより流水検知装置が作動し，ポンプ制御盤に信号が送られて加圧送水装置が起動する。

② 「起動用圧力タンク」による起動（自動）
- 火災感知用ヘッドの開放又は感知器の作動と連動して起動する。

## 流水検知装置による起動

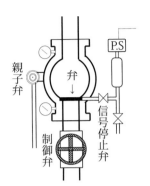

### ＜平常時の状態＞

○流水検知装置は自動警報装置の一部を形成しているので，自動警報装置と一体となっている。

- ▶アラーム弁と呼ばれることもある。
- ▶一次側，二次側に圧力計が装着されている。
- ▶通常は，二次側圧力が一次側より高く調整され，「弁」は押圧されて閉じている。

○流水検知装置には，大小の弁「親子弁」が装着されている。

- ▶親 弁：本体内の水抜きをする。
- ▶子 弁：流水検知装置本体を作動させないで警報装置等の機能が確認できる。

### ＜作動時の状態＞

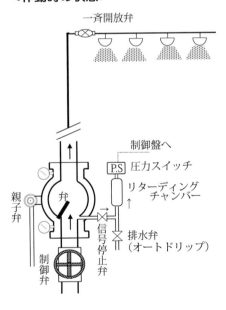

①火災感知装置の感知又は手動開放弁の開放により，一斉開放弁が開放される。

②配管内の「水」（水溶液）が放出され，配管内の圧力が下がる。

③配管内の圧力低下により流水検知装置の弁（ディスク）が開き，多量の水溶液が流入する。

④流入した水の一部がリターディングチャンバーに入り，チャンバー内の圧力が次第に上がる。

⑤一定以上の圧力になると，圧力スイッチが作動し，制御盤に信号が送られる。

⑥制御盤が信号を受信すると，加圧送水装置が起動し，同時に火災警報が発せられる。

※オートドリップは，圧力がかかったときに閉止し，圧力が無くなると開放されて，常に不用な水抜きができる仕組みとなっている。

## 【流水検知装置の種類】

　流水検知装置は，本体内の流水現象を自動的に検知して，信号又は警報を発する装置です。

予作動弁の概要

＜湿式流水検知装置＞　　　　　　　＜乾式・予作動式流水検知装置＞

① 湿式流水検知装置：一次側・二次側に加圧水又は加圧泡水溶液を満たしており，ヘッド等が開放すると二次側の圧力低下により弁体が開く。

② 乾式流水検知装置：二次側に圧縮空気を満たしており，一斉開放弁が開放されると二次側の圧力低下により「弁体」が開き，流水を検知する。

③ 予作動式流水検知装置：乾式の一種で二次側に圧縮空気を満たしており火災感知器等の作動で「弁体」が開き，加圧水等が二次側へ流出する。

## 【流水検知装置の基準】(抜粋)

- 1の流水検知装置の警戒面積は，**3,000 m²以下**とする。
- **2以上の階に渡らないこと。**
- 小区画型ヘッドを用いるスプリンクラー設備は，湿式のものとする。
- ラック式倉庫に設ける設備の流水検知装置は，**予作動式以外**とする。
- 流水検知装置の二次側に圧力の設定をする設備の場合は，設定圧力より二次側圧力が低下した場合に自動的に警報を発すること。
- 制御弁は常時「開」とし，**みだりに閉止できない措置**を講じる。

「**乾式・予作動式**」を用いる設備

- ヘッドが開放してから**1分以内**に放水ができるものであること。
- 結露や試験放水等の残水を除去する為に，流水検知装置の二次側配管は250分の1程度の**先上がり勾配**とし，有効に排水できる構造とする。
- 予作動式の場合，ヘッドの開放より**火災感知器の作動を早くする**こと。

## 起動用圧力タンクによる起動 （起動用水圧開閉器）

　火災感知用ヘッドの開放又は感知器の作動と連動して，一斉開放弁が解放され配管内の水が移動すると，起動用圧力タンク内の水位が下がり圧力スイッチが作動し起動する。

　起動用圧力タンク内及び配管内の圧力は，平常時は一定範囲の圧力に保たれており，設定された範囲の圧力以下になると圧力スイッチが作動して設備が起動します。

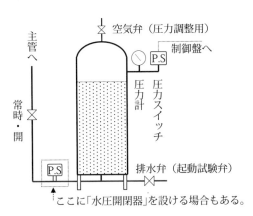

ここに「水圧開閉器」を設ける場合もある。

①火災が発生し，閉鎖型ヘッドが開放される。

②主配管内の水が移動する。

③主配管と連結している圧力タンクの水位が下がる。

④圧力タンク内の圧力が下がる。

⑤設定圧力以下になると，圧力スイッチが作動し，制御盤に信号が送られ起動する。

※ここで用いられる「圧力スイッチ」は，圧力が一定以下に下がると作動する。

【圧力の設定】…下記のいずれか大きい方の圧力に低下するまでに起動すること。

▶ $h_1 + 0.15$ MPa，又は $h_2 + 0.05$ MPa の高い方

▶ 流水検知装置による流水起動の場合は，0.15 MPa の静水圧を維持すること。

> $h_1$：水圧開閉器から，最高位又は最遠部となる「ヘッド」又は「泡消火栓」までの落差　　$h_2$：高架水槽からの静水圧

## 【圧力空気槽の基準】

▶ 圧力空気槽の取付け位置は，ポンプの側近とする。

▶ 主管の逆止弁の二次側から圧力空気槽までの接続管には仕切弁を設ける。

▶ 圧力空気槽の容積は100 ℓ 以上とする。（労働安全衛生法の適用を除く）

## 系統図で見る起動方法

　泡ヘッドは開放型であることから，開放式スプリンクラー設備と同じように流水検知装置又は起動用圧力タンクの作動により起動します。

　平常時は，泡ヘッドの配管に水溶液が流入しないよう，一斉開放弁で止められています。

＊一斉開放弁が開放されると，配管内の水溶液が移動して流水検知装置や起動用圧力タンクが作動し，設備が起動します。

　すなわち，一斉開放弁の開放の仕組みが起動の方法ということができます。

　泡ヘッドは火災感知能力がないため，次により一斉開放弁を開放します。

| 自動式 | ① 火災感知用配管を設ける。<br>② 自動火災報知設備の感知器と連動させる。 |
|---|---|
| 手動式 | 手動起動装置（手動開放弁）を操作する。 |

**❶ 感知用配管を設けて，一斉開放弁を開放する。** 　　　　（図-①）

- 閉鎖型スプリンクラーヘッドを取付けた火災感知用配管を設ける。
- 火災感知用の閉鎖型ヘッドが開放されると，配管内の「水」・「水溶液」又は「圧縮空気」が放出され一斉開放弁が開放される。
- 減圧式一斉開放弁に用いられる。

**❷ 自火報の感知器と連動させて，一斉開放弁を開放する。** 　（図-②③）

- 手動開放用の配管に，電気信号により開放する「電磁弁」を設け，感知器からの火災信号を火災用受信機を経由して電磁弁に伝えて開放する。
- 減圧式一斉開放弁・加圧式一斉開放弁のいずれにも用いられる。

**◯ 手動開放弁を操作して，一斉開放弁を開放する。** 　　　（図-①②③）

- 感知用配管，又は，一斉開放弁に接続された手動用配管に取付けられた手動起動装置を開放操作する。
- 減圧式一斉開放弁・加圧式一斉開放弁のいずれにも用いられる。

## 【一斉開放弁の開放のしかた】

（①②：減圧式　③：加圧式）

図ー①

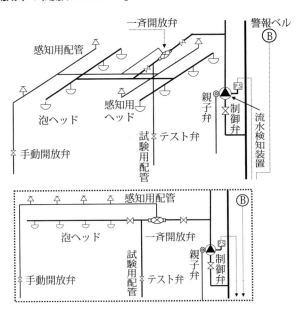

図ー②

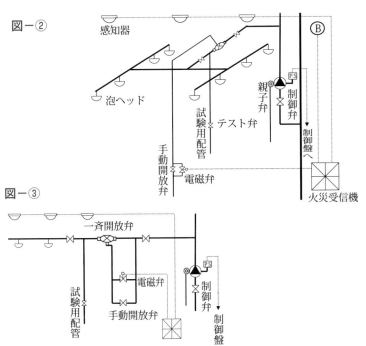

図ー③

# 試験用配管・テスト弁

　一斉開放弁の機能試験のために試験用配管・テスト弁・止水弁が設けられています。（機能試験機構付の一斉開放弁もあります）

　一斉開放弁の機能試験とは，適正に「弁」が開放されるか否かの試験をいう。

- 試験用配管・テスト弁は，一斉開放弁の二次側配管に設けられる。
- 試験用配管は，一斉開放弁の機能試験を行なった際の流水を排出するための配管である。
- 一斉開放弁の一次側・二次側に止水弁が設けられている。
- 止水弁は，一斉開放弁・配管・ヘッドの点検整備，一斉開放弁の機能試験などに用いられる。

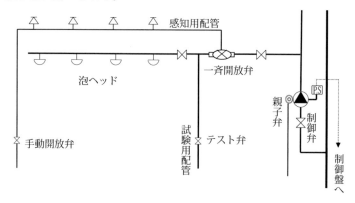

### ≪機能試験の方法≫

① 一斉開放弁の一次側バルブ（右側）は開放したまま，二次側バルブ（左側）を閉止する。

② 試験用配管の「テスト弁」を開く。

③ 「手動開放弁」を開く。　　　　　　　（水又は圧縮空気が放出される）

④ 「一斉開放弁」が開放される。　　　　（試験用配管へ水等が流れる）

※一斉開放弁が開放され，水や圧縮空気が移動すると，流水検知装置・警報装置などが作動する。

※機能試験終了後は，バルブ類を通常の状態に必ず戻すこと。

## 問題 20

消火設備の起動についての記述のうち，誤っているものはどれか。

(1) 感度種別2種の火災感知用ヘッドの取付面は床面から7m以下とする。
(2) 火災感知用配管は呼び15以上とし，適切な口径，長さとする。
(3) 泡消火設備の自動起動方式には，感知器の作動又は火災感知用ヘッドと連動して起動させる方法がある。
(4) 閉鎖型スプリンクラーヘッドを火災感知用として用いる場合は，ヘッドの表示温度は79℃未満のものとする。

〈解説〉 　P137 参照

感度種別2種の火災感知用ヘッドの取付面は，床面から5m以下が正しい記述となります。
解答　(1)

## 問題 21

消火設備の手動式起動装置についての記述のうち，正しいものはいくつあるか。

A 起動装置の直近の見やすい箇所に起動装置である旨の標識を設ける。
B 2以上の放射区域がある場合には放射区域を選択できるものとする。
C 操作部には，有機ガラス等による有効な防護措置を施す。
D 起動操作は，押しボタン，バルブ，コック等で1動作で行えるものとする。

(1) 1つ　　(2) 2つ　　(3) 3つ　　(4) 4つ

〈解説〉 　P138 参照

ＡＢＣＤすべてが正しい記述をしています。
解答　(4)

# 問題 22

**流水検知装置についての記述のうち，正しいものはいくつあるか。**

A　1の流水検知装置の警戒面積は，3000 m$^2$以下とする。

B　加圧水等の通過する部分は，滑らかに仕上げられていること。

C　流水検知装置の警戒区域は，2以上の階に渡らないこと。

D　流水検知装置の弁体の一次側圧力は，二次側圧力より若干高く設定されていること。

(1)　1つ　　(2)　2つ　　(3)　3つ　　(4)　4つ

〈解説〉P139・P140 参照

　ABCが正しい記述をしています。Dの設定圧力に誤りがあります。

　通常は，流水検知装置の弁体の二次側圧力が一次側圧力より若干高く調整され，弁体は押圧されて閉じています。

解答　(3)

# 問題 23

**流水検知装置についての記述のうち，誤っているものはどれか。**

(1)　流水検知装置には，湿式，乾式，予作動式がある。

(2)　乾式流水検知装置の二次側には水又は水溶液，一次側には圧縮空気が満たされる。

(3)　湿式流水検知装置の二次側，一次側には水が満たされる。

(4)　予作動式流水検知装置を用いる設備は自動火災感知設備と併用する。

〈解説〉P140 参照

　乾式流水検知装置の一次側には水又は水溶液，二次側には圧縮空気が満たされており，二次側の起動装置・一斉開放弁の開放により二次側圧力の低下が起こり，弁体が開放します。

解答　(2)

# 問題 24

**流水検知装置についての記述のうち，誤っているものはどれか。**

(1) 流水検知装置には，本体内の水抜きをするための親弁と呼ばれる弁が附置されている。

(2) 流水検知装置は，本体内の流水現象を自動的に検知して信号又は警報を発する装置である。

(3) 流水検知装置には，本体内の弁の開放試験をするための子弁と呼ばれる弁が附置されている。

(4) 予作動式流水検知装置には，手動式起動装置が設けられている。

〈解説〉 P139 参照

　流水検知装置の子弁は，流水検知装置の本体を作動させないで警報装置等の機能を確認するためのものです。　　　　　　　　　　　　　解答　(3)

# 6 工事・整備

 ## 配管・継手・バルブ類

　消防用設備等に使用される**配管・管継手・バルブ類**には，その使用方法や**強度・耐食性・耐熱性**などの基準が定められています。

　工事・整備の際には，所轄消防機関と十分な打ち合わせが必要です。

## 【配　管】

- たん白泡消火薬剤を使用する金属製の配管には，鉛を含むコーティング剤を用いた配管を使用しないこと。
- 配管は**専用**とすること。（それぞれの消火設備に支障のないものは兼用可）
- 加圧送水装置の吐出側直近部分の配管には，**逆止弁及び止水弁**を設けること。
  - ▶止水弁は，開閉状態が外見で確認できるものを使用すること。
  - ▶止水弁には外ねじ式・内ねじ式があり，外ねじ式のものは開閉状態が外見で確認できる。
- ポンプを用いる加圧送水装置の吸水管は，ポンプごとに専用とし，かつ，ろ過装置を設けること。（フート弁に付属するものを含む）
- 水源水位が**ポンプより低い位置**にあるものには**フート弁**を設け，**その他のもの**には**止水弁**を設けること。
- 「配管」は，次のもの等を用いることとする。
  - ・水道用亜鉛メッキ鋼管（SGPW）JIS G 3442
  - ・配管用炭素鋼鋼管　　　（SGP）JIS G 3452 … **黒管，白管**がある。※1
  - ・圧力配管用炭素鋼鋼管（STPG）JIS G 3454
  - ・合成樹脂製の管　　（気密性・強度・耐食性・耐候性・耐熱性を有するもので，消防庁長官が定める基準に適合するもの）
  - ※1　白管は亜鉛メッキをした管で，外見上から白管と呼ばれている。
- 配管の耐圧力は，加圧送水装置の締切圧力の1.5倍以上の圧力に耐えること。
- 配管の管径は，水力計算により算出された呼び径とする。

## 【継手類】

「管継手」は，次のものを用いることとする。

- 金属製の管・バルブ類を接続する場合には，金属製のもので，定められた基準以上の強度・耐食性・耐熱性を有するもの。
- 合成樹脂製の管を接続する場合は，合成樹脂製のもので，消防庁長官が定める基準に適合する気密性・強度・耐食性・耐候性・耐熱性を有するものを用いる。

## 【バルブ類】

- 「バルブ類」の材質は，JIS 規格 G5101 G5501 G5502 G5705 H5120 H5121 に適合するもの，又はこれらと同等以上の強度・耐食性・耐熱性を有するものとする。
- **開閉弁**又は**止水弁**（ゲートバルブ）には**開閉方向**を，**逆止弁**（チャッキバルブ）には**流れの方向**を表示しなければならない。

### ❏ 「開閉バルブ類」の例

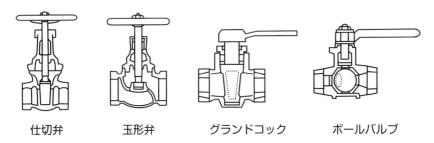

| 仕切弁 | 玉形弁 | グランドコック | ボールバルブ |

### ❏ 「配管継手類」の例

ユニオン　レジューサー　エルボ　フランジ　チーズ　ソケット　ニップル
　　　　（異径ソケット）　　　　　　　　（ティー）

<主な継手類と用途>

| 用　途 | 継　手　類 |
|---|---|
| 直管を接合する | ソケット，ユニオン，フランジ，ニップル |
| 配管を屈曲させる | エルボ，ベンド（エルボより曲率半径が大きい） |
| 配管を分岐する | チーズ，Ｙ，クロス |
| 口径の異なる配管を接続する | レジューサー，異径エルボ，異径チーズ，ブッシュ |
| 配管の終端を閉止する | プラグ，キャップ |

## ❏ 「配管の支持金具類」の例　（配管の支持・固定をする金具類）

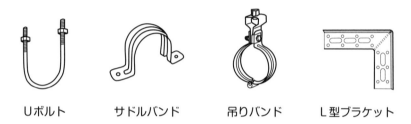

Uボルト　　　サドルバンド　　　吊りバンド　　　L型ブラケット

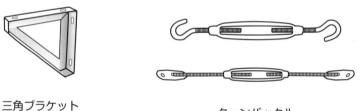

三角ブラケット

ターンバックル
(締付けの調整をする)

## ❏「配管用工具・機械類」の例

手動ねじ切り器

電動ねじ切り器

パイプカッター

電動カッター

ボルトクリッパー

パイプレンチ

パイプベンダー（油圧式）

チェーントング（レンチ）

・太い配管の固定や回転などに用いる。

・パイプを曲げる際に用いる。

パッキンツール
（パッキンの取り外しに用いる
部品を替えると取付けもできる）

## 問題 25

消火設備の配管工事において弁を取付ける場合，方向性を考慮しなくてよいものはどれか。

(1) 玉 型 弁
(2) 仕 切 弁
(3) 逆 止 弁
(4) 一斉開放弁

〈解説〉  P149 参照

　開閉弁に用いられる仕切弁は配管（通水路）の前後に仕切りを出し入れして通水を制御する構造をしているので，まったく方向性に捉われることはありません。

解答　(2)

## 問題 26

消防用配管の接合についての記述のうち，不適切なものはどれか。

(1) ねじ込み配管は，4山以上残すと腐食を早めるおそれがある。
(2) フランジ継手接合の場合には，ボルトの片締めやガスケットの入れ忘れ等がないように注意しなければならない。
(3) 配管において漏水が発生した場合，ねじ込み式の場合は局部的な修理ができるが，電気溶接配管では局部的な修理ができない。
(4) ねじ込み配管は，ねじのために削られた分だけ肉厚が薄くなり，その部分が弱くなるが，電気溶接配管は接合部分の強度が損なわれることはない。

〈解説〉

　電気溶接に限らず，溶接された配管であっても局部的修理は可能です。

解答　(3)

## 問題 27

**配管とその略号についての組合せのうち，正しいものはどれか。**

(1) 配管用炭素鋼鋼管　　　…　SGPW
(2) 水道用亜鉛メッキ鋼管　…　SUS
(3) 圧力配管用炭素鋼鋼管　…　STPG
(4) 配管用ステンレス鋼鋼管 …　SGP

〈解説〉 P148 参照

正しくは配管用炭素鋼鋼管…SGP，水道用亜鉛メッキ鋼管…SGPW
配管用ステンレス鋼鋼管…SUS となります。

解答　(3)

## 問題 28

**次の部品と用途の組合せのうち，誤っているものはどれか。**

(1) フランジ … 直管の接合
(2) エルボ　 … 配管の屈曲
(3) チーズ　 … 配管の分岐
(4) プラグ　 … 異径配管の接続

〈解説〉 P150 参照

(4)のプラグは配管の終端部を閉止する部材で，異径配管の接続には異径エルボ，異径チーズ，レジューサーなどが用いられます。

したがって，(4)が誤りとなります。

解答　(4)

**非常電源・配線**

消火設備には，停電に備えて「非常電源」を附置しなければならない。

非常電源には，非常電源専用受電設備，自家発電設備，蓄電池設備，燃料電池設備がある。

次の場合は，自家発電設備，蓄電池設備又は燃料電池設備の設置とする。

- ▸ 延べ面積が1000 m²以上の特定防火対象物
- ▸ 地階を除く階数が11以上で，延面積が3000 m²以上の防火対象物
- ▸ 地階を除く階数が7以上で，延面積が6000 m²以上の防火対象物

**＜非常電源・所定時間　（第2類 関係）＞**

| 消防用設備等 | 非常電源の種類 | 所定時間 |
|---|---|---|
| 泡消火設備 | ・非常電源専用受電設備<br>・自家発電設備<br>・蓄電池設備　・燃料電池設備 | 30分以上 |

回路の配線は次によるものとする。

- • 配線は，電気工作物に係わる法令の規定のほか，他の回路による障害を受けることのないような措置を講じること。
- • **非常電源回路**は耐火配線とし，**操作回路・位置表示灯の回路**などの配線は，**耐熱配線**とする。
- • **開閉器，過電流保護器，配線機器**は，**耐火効果のある方法**で保護する。
- • 電線は，「耐火電線の基準」「耐熱電線の基準」により詳細が定められている。
- • 工事方法 … ◈ 600 V 二種ビニル絶縁電線，又はこれと同等以上の耐火性・耐熱性を有する電線・ケーブル等を使用すること。
  - ◈ 金属管工事，可とう電線管工事，金属ダクト工事，ケーブル工事等により，火災・熱などから防護する。
  - ◈ 電線は耐火構造の主要構造部に埋設するか，これと同等以上の耐熱効果のある方法で保護する。
  
    ただし，MIケーブル又は消防庁長官が定める基準に適合する電線を使用する場合はこの限りでない。

## 【装置・機器の間の配線】

≪耐火電線≫  | 非常電源 | ～ | 制御盤・起動装置 | ～ | 電動機 |

≪耐熱電線≫

| 制御盤・起動装置 |
| :---: |
| 受信部（受信機） |

～

起動表示灯，位置表示灯
遠隔起動装置，警報装置
流水検知装置
圧力検知装置

# ❷ 非常電源の概要

　非常電源については，消防法施行規則第12条　及び　下記の基準告示によりその詳細が定められている。

- ・自家発電設備の基準　　・蓄電池設備の基準　　・燃料電池設備の基準
- ・キュービクル式非常電源専用受電設備の基準

## ❑ 非常電源の共通項目

○不燃材料で造られた壁・柱・床・天井で区画され，かつ，窓・出入口に防火戸を設けた専用の室に設けること。

（高圧又は特別高圧で受電する場合を含む）

○点検に便利で火災等の災害による被害を受けるおそれが少ない箇所に設ける。

○常用電源が停電したときは，自動的に常用電源から非常電源に切り替えられるものであること。

○他の電気回路の開閉器又は遮断器によって遮断されないこと。

○開閉器には，消防設備用である旨を表示すること。

## ❶ 非常電源専用受電設備

○非常電源共通項目に適合するものであること。

- ・高圧又は特別高圧で受電する非常電源専用受電設備は「専用の室」に設けること。（「専用室としなくてよい場合」の規定もある。）
- ・低圧で受電する場合には，消防庁長官が定める基準に適合する配電盤又は分電盤を用いること。

　配電盤・分電盤は，第一種又は第二種の定められたものとする。

- ・キュービクル式非常電源専用受電設備には，非常電源として専用に受電する設備と，非常電源と他の電源を共用して受電する設備がある。
- ・共用キュービクル式非常電源専用受電設備は，非常電源回路と他の電気回路とが，不燃材料で区画されていること。
- ・キュービクル式以外の非常電源専用受電設備は，操作面の前面に1 m以上の幅の空地を有すること。（操作面が相互に面する場合は1.2 m以上）

- キュービクル式非常電源専用受電設備は，当該受電設備の前面に 1 m 以上の幅の空地を有し，かつ，キュービクル式以外の「自家発電設備」「蓄電池設備」，又は建築物等からは 1 m 以上離れていること。
- キュービクル式受電設備の機器・配線・端子等は，防水のために外箱の底面からの高さが定められている。

  （屋内用：5 cm 以上，屋外用：10 cm 以上，充電部：15 cm 以上）
- キュービクルの前面扉の裏面には接続図・主要機器一覧表が貼付されていること。

### ② 自家発電設備

○非常電源共通項目に適合するものであること。

- 原動機（内燃機関，ガスタービン等）を動力として，発電機を駆動する電源設備である。
- 常用電源が停電の場合は，自動的に電圧確立・投入・送電が行なわれること。
  - 運転者等が常駐する場合，電圧確立を自動とし投入を手動とすることができる。
- 常用電源が停電してから電圧確立・投入までの時間は40秒以内であること。
  - 停電後40秒経過してから自家発電設備の電圧確立投入までの間，適正な蓄電池設備により電力が供給されるものはこの限りでない。
- 常用電源が停電した場合，自家発電設備に係わる負荷回路と他の回路を自動的に切り離すことができるものであること。
- キュービクル式以外の自家発電設備は，次により設置する。
  - ★［自家発電装置］：相互間 …… 1.0 m 以上　の間隔を確保する。

    周　囲 …… 0.6 m 以上　の空地　　〃
  - ★［制　御　装　置］：操作面 …… 1.0 m 以上　の空地　　〃

    点検面 …… 0.6 m 以上　の空地　　〃
  - ★「燃料タンクと原動機の間隔」… 余熱方式：2 m 以上

    その他　：0.6 m 以上
    - 燃料タンクと原動機の間に不燃性の遮へい物を設けた場合はこの限りでない。
  - ★運転制御装置・保護装置・励磁装置等を収納する操作盤は，鋼板製の箱に収納するとともに，箱の前面に 1 m以上の空地をとる。

- 外部から容易に人が触れるおそれのある充電部及び駆動部は，安全上支障のないように保護されていること。
- 自家発電設備の運転による騒音・振動・熱・ガスを適切に処理するための措置を講じているものであること。
- 発電出力を監視できる電圧計・電流計を設けること。
- 保安装置として，過電流遮断装置，調速装置，停止装置などを設ける。

- 原動機への燃料供給は，次によること。
  - 定格負荷における連続運転可能時間に消費される量以上の燃料が燃料容器に保有されるものであること。
  - ガス事業法に規定するガス事業者により供給される燃料は，安定して供給されるものであること。
- 定格負荷における連続運転可能時間以上出力できるものであること。
- キュービクル式自家発電設備
  - 自家発電装置並びに付属装置を外箱に収納したものがある。
  - 発電設備の運転に必要な制御装置・保安装置・付属装置を外箱に収納したものがある。
  - 外箱の開口部には，防火戸が設けられていること。
  - 原動機・発電機・制御装置等の機器は，外箱の底面から10 cm 以上の位置に収納する。
- 自家発電設備には，次の事項を見やすい個所に容易に消えないように表示する。
  - 製造者名又は商標　　・製造年　　・定格出力　　・形式番号
  - 燃料消費量　　・定格負荷における連続運転可能時間

### ❸　蓄電池設備

○非常電源共通項目に適合するものであること。
- 蓄電池設備には，鉛蓄電池，アルカリ蓄電池，ナトリウム・硫黄電池又はレドックスフロー電池などを用いた電源設備である。
- 蓄電池は，自動車用以外のもので，規定に適合するものとする。
- 常用電源が停電してから電圧確立・投入までの時間は40秒以内であること。
- 蓄電池・充電装置・保安装置・制御装置などから構成される。

- 常用電源が停電した場合，蓄電池設備に係わる負荷回路と他の回路を自動的に切り離すことができるものであること。
- キュービクル式以外の蓄電池設備は，次による。

    [蓄電池設備]：周　囲 …… 0.1 m 以上　の間隔を確保する。

    　　　　　　　相互間 …… 0.6 m 以上 〃

    　　　　※架台を設けることによりそれらの高さが1.6 m を超える
    　　　　場合は，1 m 以上離すこと。
- 水が浸入し，又は浸透するおそれのない場所に設置する。
- 蓄電池設備を設置する室には屋外に通ずる有効な「換気装置」を設ける。
- 充電装置と蓄電池を同一の室に設ける場合には，充電装置を鋼製の箱に収納し，その箱の前面に 1 m 以上の幅の空地を確保する。
- 充電電源電圧が定格電圧の±10 %の範囲で変動しても機能に異常がないこと。
- 蓄電池設備には，過充電防止機能，均等充電装置を設ける。
- 出力電圧又は出力電流を監視できる電圧計又は電流計を設ける。
- シール形以外の蓄電池は，液面が容易に確認でき，減液警報装置を有すること。
- 蓄電池の容量は，最低許容電圧（公称電圧の80 %）になるまで放電した後，24時間充電し，その後充電しないで所定時間以上放電できる容量とする。
- 充電中の場合の表示装置，充電状態を点検できる装置を設ける。
- 消防用設備までの配線途中に，開閉器，過電流遮断器を設ける。
- 直交変換装置を有しない蓄電池設備は，常用電源が停電した後，常用電源が復旧したときは，自動的に常用電源から非常電源に切り替えられるものであること。
- 「ナトリウム・硫黄電池」及び「レドックスフロー電池」は，次による。
    - 蓄電池の内容物の漏えいを検知した場合，温度異常が発生した場合に充電及び放電しない機能を設ける。
    - ナトリウム・硫黄電池のモジュール電池には，異常が発生した場合に自動的に回路遮断する機能を設ける。
- 蓄電池の単電池あたりの公称電圧
    - 鉛蓄電池：2 V
    - アルカリ蓄電池：1.2 V
    - ナトリウム・硫黄電池：2 V
    - レドックスフロー電池：1.3 V

## ❹ 燃料電池設備（燃料電池発電装置）

○非常電源共通項目に適合するものであること。

- キュービクル式のものであること。
- 常用電源が停電してから電圧確立・投入までの時間は40秒以内であること。
- 常用電源が停電した場合，燃料電池設備に係わる負荷回路と他の回路を自動的に切り離すことができるものであること。
- 発電出力を監視できる電圧計・電流計を設けること。
- 定格負荷における連続運転可能時間以上出力できるものであること。
- 燃料電池への燃料供給は，次によること。
    - 定格負荷における連続運転可能時間に消費される量以上の燃料が燃料容器に保有されるものであること。
    - ガス事業法に規定するガス事業者により供給される燃料は，安定して供給されるものであること。
- 燃料電池，改質器その他の機器及びこれらの配線を1または2以上の外箱に収納したものであること。
- 外箱は鋼板製とし，屋外用は2.3 mm以上・屋内用は1.6 mm以上又はこれと同等以上の防火性能及び耐食性能を有するものであること。
- 外箱の開口部には，定められた「防火戸」が設けられていること。
- 燃料電池設備の運転により発生する熱及びガスを適切に処理するための措置を講じているものであること。
- 消防庁長官が定める基準に適合するものであること。

［燃料電池のしくみ］

- 水に電気を流して電気分解すると，水素と酸素を発生するが，燃料電池はその逆の原理を活かし，水素と酸素を利用して電気を作り出す。
- 現在実用化されている燃料電池は，LPGガス，石油，都市ガス等の燃料から「水素ガス」を作り，空気中の酸素と化学反応させて発電している。
- 地球環境にやさしい「発電システム」である。
- 発電時に熱を発生することから，平常時は熱と電気を同時に供給する「熱電供給システム」として使用されており，緊急時に「非常電源」として利用される。

# 練習問題にチャレンジ！

**非常電源・配線**

## 問題 29

**消火設備の配線についての記述のうち，誤っているものはどれか。**

(1) 制御盤と電動機の間の配線は，耐熱配線でなければならない。

(2) 非常電源と制御盤の間の配線は，耐火配線でなければならない。

(3) 火災受信機と警報装置の間の配線は，耐熱配線でなければならない。

(4) 制御盤と遠隔起動装置の間の配線は，耐熱配線でなければならない。

〈解説〉　　　　　　　　　　 P154・P155 参照

P155の表で具体的な電気機器や装置等の間の配線を確認ください。

| 解答 (1) |

## 問題 30

**泡消火設備に設ける非常電源に関する記述のうち，誤っているものはどれか。**

(1) 非常電源には，非常電源専用受電設備，自家発電設備，蓄電池設備，燃料電池設備がある。

(2) 蓄電池設備は，泡消火設備を有効に30分以上作動できるものでなければならない。

(3) 自家発電設備には，停電の際すみやかに自家発電設備に手動で切り替えができる装置を設けなければならない。

(4) 非常電源専用受電設備は，延面積1,000 m²以上の特定防火対象物に設けることができない。

〈解説〉　　　　　　　　　　P154・P156 参照

常用電源が停電した場合は，自家発電設備は特定の場合を除き自動的に自家発電設備への切替が行われなければならない定めがあります。　　| 解答 (3) |

2 構造・機能・規格・工事・整備

## 問題 31

　非常電源として消防用設備に設ける「自家発電設備」に関する記述のうち，適切でないものは次のうちどれか。

　(1)　停電の際は，原則として自動的に電圧確立及び投入が行われること。

　(2)　停電から電圧確立，投入までの所要時間は40秒以内であること。

　(3)　自家発電装置と周囲にある壁などからは，0.5 m 以上の距離があること。

　(4)　定格負荷における連続運転可能時間に消費される燃料と同じ量以上の容量の燃料が燃料容器に保有されるものであること。

〈解説〉 P157 参照

　P156にある非常電源に関する資料は，一応目を通して置いてください。

　(4)は，自家発電設備の基準（告示）の定めです。　　　　　| 解答　(3) |

## 問題 32

　非常電源として消防用設備に設ける「蓄電池設備」に関する記述のうち，適切でないものはどれか。

　(1)　水が浸入したり浸透するおそれのないところに設ける。

　(2)　鉛蓄電池又はアルカリ蓄電池が用いられている。

　(3)　高性能自動車用バッテリーも蓄電池設備として用いられている。

　(4)　蓄電池設備は，操作面又は建物から 1 m 以上の保有距離が必要である。

〈解説〉 P158 参照

　蓄電池設備は，**自動車用以外のもの**で規定に適合するものと定められています。　　　　　| 解答　(3) |

# 2 混合装置

泡消火薬剤混合装置には，**比例混合方式**と**定量混合方式**があります。

❑ **比例混合方式**：放射流量の変化に比例して，泡消火剤が規定濃度に混合
　　　　　　　　　される。

　　　　　　　　　（流量変化の範囲は，最小と最大の比が 1 ： 4 程度である）

❑ **定量混合方式**：放射区域が限定している場合，放射区域内の容量濃度の
　　　　　　　　　混合が可能な分だけ泡消火剤を混合する。

　混合器には，**吸引力**を利用した**インダクター**と，**圧送する力**を利用した**エダ
クター**があります。

## 《混合器の例》

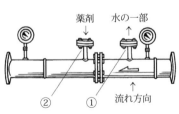

薬剤　　水の一部

②　　　①　　流れ方向

・流水の一部が①に接続された配管を経由し
　て泡消火薬剤タンクに入り，泡消火薬剤の
　一部が押し出され，②を通過した所で流水
　と混合する。

2　混合装置 ┃ 163

# 混合装置の種類

　水と泡消火薬剤を混合して泡水溶液にする方法には，次に掲げる **6方式**があります。　それぞれ分かりやすい特徴を持っています。

　出題率も高く非常に重要な部分ですので，確実に把握してください。

## ❶　ライン・プロポーショナー方式（管路混合装置）

- 加圧送水管系統の途中に吸引式混合装置を設け，流水の中に泡消火薬剤を吸い込ませ，規定濃度の水溶液を泡放出口に送る。
- 「移動式泡消火設備」に用いられる。
- 泡ノズル又はその近くにピックアップチューブを取付け，泡消火剤を吸引させるものもある。

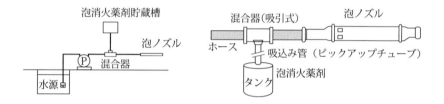

## ❷　ポンプ・プロポーショナー方式（ポンプ循環方式）

- 加圧送水装置（ポンプ）の **吐出側**と **吸込み側**との間を連結するバイパス管を設け，バイパス管の途中に混合器を設けたもの。
- ポンプを跨いで薬剤を混合することからポンプ・プロポーショナー方式と呼ばれています。
- 流量調節弁では調整弁又はオリフィスを用いて混合する薬剤の濃度を調整します。

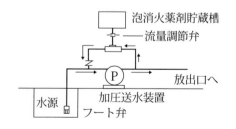

❸ **サクション・プロポーショナー方式**（ポンプ吸引混合装置）

- 加圧送水ポンプの吸水側にバイパス管を設け，バイパス管の途中に混合器を設けたもの。
- 加圧送水ポンプの吸込側で薬剤を混合するところからサクション・プロポーショナー方式と呼ばれています。
- 調整弁又はオリフィスで，混合する濃度（薬剤量）を調整します。

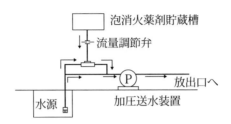

❹ **ウォーターモーター・プロポーショナー方式**（水車動力混合装置）

- 送水管の途中に**ウォーターモーター**（水ポンプ）を取付け，それと連動する泡消火薬剤用ポンプを作動させる方式
- 比例混合には適している方式であるが，設備費が高くなる。

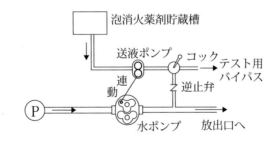

**❺ プレッシャー・プロポーショナー方式** （差圧混合装置）

- 加圧送水管の途中に「比例混合装置」と「置換吸入器」を接続し，流水の一部を泡消火薬剤の貯蔵タンクに送り込む方式で，その水と薬剤を置換するとともに吸引作用により流水中に薬剤を流入させる方式である。
- 薬剤タンクに送水圧の一部が加わるので，それに耐えるタンクが必要となります。

<table>
<tr><td align="center">＜直接置換式＞</td><td align="center">＜ダイヤフラム内蔵置換式＞</td></tr>
<tr><td>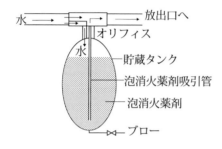</td><td>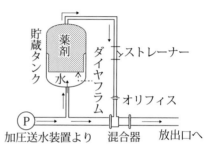</td></tr>
</table>

**❻ プレッシャーサイド・プロポーショナー方式** （圧入混合装置）

- 送水管の途中に加圧送液装置により消火薬剤を圧入する方式
- 消火薬剤量の貯蔵量が多い設備に適している。

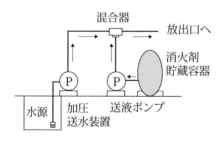
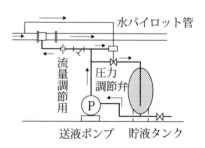

## 問題 33

下記の泡消火設備についての記述から判断して，該当する混合装置を選べ。

◎加圧送水ポンプの一次側と二次側との間を連結するバイパス管を設け，バイパス間の途中に混合器を設けている。

(1) ラインプロポーショナー方式

(2) ポンププロポーショナー方式

(3) プレッシャープロポーショナー方式

(4) ウォーターモータープロポーショナー方式

〈解説〉　P164 参照

各プロポーショナーの特徴を把握しておけば難なく解ける問題です。

本問は加圧送水ポンプの一次側と二次側をバイパス間で繋ぐ方式であることに特徴が認められます。これすなわち，ポンププロポーショナーの特徴です。

よって，(2)が正解となります。　解答　(2)

## 問題 34

泡消火設備の混合装置のうち最も比例混合に適しているものは，次のどれか。

(1) プレッシャープロポーショナー方式

(2) ポンププロポーショナー方式

(3) ウォーターモータープロポーショナー方式

(4) サクションプロポーショナー方式

〈解説〉　P165 参照

配管を流れる流水量と泡消火薬剤の比例混合に最も適している混合装置はウォーターモータープロポーショナー方式です。　解答　(3)

# 問題 35

　泡消火設備の混合装置のうち，貯蔵タンクに加圧水の圧力の一部が加わるものがある。次のうちどれか。

(1)　ポンププロポーショナー方式
(2)　プレッシャープロポーショナー方式
(3)　ウォーターモータープロポーショナー方式
(4)　プレッシャーサイドプロポーショナー方式

〈解説〉

P166 参照

　この混合装置の特徴は，加圧水の圧力の一部が泡消火薬剤タンクに加わる点にあります。

　加圧水の一部を泡消火薬剤貯蔵タンクに送り込んで，泡消火薬剤と置換する方式の混合装置がまさにこれにあたります。

　すなわち，プレッシャープロポーショナー方式です。

解答　(2)

# 3 泡放出口

## 1 発泡のしくみ

　水と泡消火薬剤を混合して水溶液をつくり，さらに**空気**を取り入れて，**空気泡**（機械泡）を形成する仕組みとなっています。

- 空気は，泡放出口の**空気取入口**から取り入れる。
- **空気を混入**して機械的につくる泡を**空気泡**又は**機械泡**という。

  （化学泡消火器のように，化学反応によってつくられる泡を化学泡という）
- 泡消火薬剤は，発泡しやすい性質をもっている。

**【空気取入口の例】**

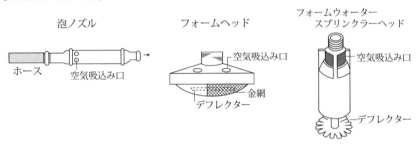

泡ノズル　　　　　　　フォームヘッド　　　　フォームウォーター
　　　　　　　　　　　　　　　　　　　　　　スプリンクラーヘッド

ホース　　空気吸込み口　　　　空気吸込み口／金網／デフレクター　　空気吸込み口／デフレクター

**【発泡の程度】**

- 発泡の程度は，泡放出口により決まる。
- 一般的に**泡ヘッド**を用いると**低発泡**となり，**発泡機**を用いると**高発泡**となる。

| 低発泡 | 膨張比が，20以下の泡 | 泡ヘッド等 |
|---|---|---|
| 高発泡 | 膨張比が，80以上1000未満の泡<br>第1種の泡：膨張比80以上250未満の泡<br>第2種の泡：膨張比250以上500未満の泡<br>第3種の泡：膨張比500以上1000未満の泡 | 高発泡用<br>泡放出口<br><br>（発泡機） |

膨張比とは，発泡に要した水溶液の体積と発生した泡の体積の比をいう。

$$膨張比 = \frac{発生した泡の体積}{発泡に要した泡水溶液の体積}$$

# 泡放出口の種類

　泡放出口は，規定量で混合されてきた泡水溶液に空気を混入して発泡させます。　泡放出口には次のものがあります。

## ❶　フォーム・ウォータースプリンクラーヘッド
- 泡水溶液に空気取入口から取り入れた空気を核として発泡させ，発生した泡をデフレクターにより拡散分布する。
- **標準放射量**は，毎分あたり**75リットル**である。
- フォーム（泡）又はウォーター（水）の放射に共用できることがヘッド名の由来となった。
  水を放射するときは，開放型スプリンクラーヘッドと同じ働きをする。
- おもに高所取付用で，下向き型・上向き型がある。

## ❷　フォームヘッド
- 泡水溶液と空気取入口から取り入れた空気により発泡し，デフレクターにあたって拡散した泡は，金網で均一に分散放射される。
- **低所取付用**である。
- たん白泡用，合成界面活性剤用，水成膜泡用がある。

## ❸　高発泡用泡放出口：空気の供給方式により分類される。
### ❏ ブロアー型
- 放出口の先端にあるスクリーンネットに泡水溶液を吹き付け，空気を**電動ファン**により供給し，空気がネットを通過するときに発泡する。
- 膨張比は400〜1000程度で，おもに固定式である。
### ❏ アスピレート型
- ノズルの空気吸入口より空気を取り入れ，スクリーンネットにあてて発泡させる。
- 膨張比は100〜300程度（移動式，可搬式，固定式）

④ 固定式泡放出口

　❏ **エアフォームチャンバー（泡チャンバー）**

- 泡水溶液がノズルより放出する際に，空気吸入口から空気を取り入れて空気と混和して発泡する。
- 危険物貯蔵タンクの側面上部に取り付けられ，発泡した泡はタンク内の危険物の液面を覆う。

　❏ **泡モニターノズル**

- 危険物施設やヘリポートなどに設置される。
- 安全な所から遠隔操作で自由に俯<sup>ふ</sup>仰<sup>ぎょう</sup>・旋回などの操作ができる。
- 放射量が1900 L/min 以上，水平放射距離30 m以上で設置する。

⑤ 泡ノズル

- 移動式泡消火設備（泡消火栓）に用いられる。
- 泡原液吸入管（ピックアップチューブ）が付いているものもある。
- ホースは消防用ゴム引きホースが用いられる。

# ③ 泡放出口の例

フォームヘッド　　　　　　　　　フォームウォーター
　　　　　　　　　　　　　　　スプリンクラーヘッド

エアフォームノズル
（泡ノズル）

エアフォームチャンバー
（泡チャンバー）

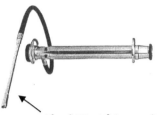

ピックアップチューブ
（泡消火薬剤容器に差し込む）

泡モニターノズル

<　発　泡　機　>

〈ブロワー型〉

〈アスピレート型〉

[ 発泡機の概要 ]

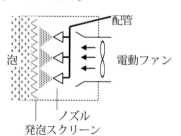

配管

泡

電動ファン

ノズル
発泡スクリーン

〈ブロワー型〉
・泡水溶液を霧状でスクリーンネットに
　向けて噴射し，電動ファンにより多量の
　空気を供給して大量の泡を発生させる。
・空気供給用の「電動ファン」がある。

# 4 危険物貯蔵タンクの泡放出口 （固定式）

　危険物の貯蔵タンクには，一般的に固定式のエアフォームチャンバーが用いられますが，危険物貯蔵タンクに設置される泡放出口にはⅠ型・Ⅱ型・特型・Ⅲ型・Ⅳ型があります。

　Ⅰ型・Ⅱ型は固定屋根構造タンク，特型は浮屋根構造タンクの側面上部に設置されたエアフォームチャンバー（泡チャンバー）からタンク内に泡消火剤を注入し，危険物の液面を泡で覆って消火します。

　また，Ⅲ型・Ⅳ型は貯蔵タンクの底部から泡を注入し，危険物の上部液面に泡を展開する方式で，液面下泡放出方式といわれ，ＳＳＩ液面下発泡器が用いられます。

## ◇取付例（エアフォームチャンバー）

### ＜ベーパーシール＞

・危険物の蒸気等が，泡チャンバー内に流入することを防ぐために設けられている。

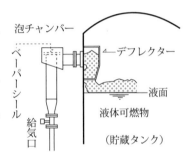

・「薄い板状」のもので，泡の放出により破壊または作動する。

・材料は，鉛・錫・ガラス・ステンレスの薄板等で封じられている。

### ＜デフレクター＞

・タンク内に放出された泡の飛散を防ぎ，液面上に平均して泡が流動展開するために設けられている。

◇**設置個数** … 泡放出口の個数は，貯蔵タンクの種別・直径，泡放出口の種別等により定められているが，規定個数以上の数を均等間隔となるように設置する。

◇**放射量** … 危険物の区分，泡放出口の種別に応じて，1 m$^2$あたりの水溶液の量，毎分あたりの放出率が定められている。

◇**加圧送液装置の送水区域**は，次の①又は②のいずれかによる。

　　① ポンプ始動後 5 分以内に消火薬剤混合装置を経て，泡水溶液を放出口等へ送液できるもの。

　　② ポンプから泡放出口等までの水平距離が500 m 以内

## 問題 36

**泡放出口についての記述のうち，正しいものはいくつあるか。**

A　アスピレート型泡放出口を用いると，高発泡の泡が得られる。
B　フォームヘッドは，低所取付用の泡放出口で低発泡の泡を放出する。
C　低発泡と高発泡の違いは，泡放出口の違いより消火薬剤に起因する。
D　フォームウォータースプリンクラーヘッドは開放型スプリンクラーヘッドの機能も有している。

　(1)　1つ　　　(2)　2つ　　　(3)　3つ　　　(4)　4つ

〈解説〉　　　　　　　　　　　　　　　　　　P169〜参照

A　○　発泡機を用いると高発泡の泡が得られます。
B　○　フォームヘッドは一般的に低所取付用で，フォームウォータースプリンクラーヘッドは，比較的高所に用いられます。
C　×　低発泡と高発泡の違いは，基本的に泡放出口で決まります。
D　○　記述のとおりです。

解答　(3)

## 問題 37

**泡ヘッドについての記述のうち，誤っているものはどれか。**

　(1)　泡ヘッドには空気吸入口が設けられている。
　(2)　泡ヘッドは噴流（ジェット）効果を利用している。
　(3)　泡ヘッドの放射量の変化は，発泡倍率に影響する。
　(4)　泡ヘッドの発泡倍率は，放射圧力には無関係である。

〈解説〉　　　　　　　　　　　　　　　　　　P169〜参照

放射圧力の変化は放射量の変化となり，発泡倍率に影響があります。

解答　(4)

# 問題 38

次の泡放出口のうち，高発泡用のものはどれか。

(1) 消火薬剤原液吸入管のついた泡ノズル

(2) フォームヘッド

(3) フォームウォータースプリンクラーヘッド

(4) ブロアー型発泡機

〈解説〉  P169〜参照

　泡ノズルや泡ヘッドを用いる場合は低発泡，発泡機を用いると高発泡となります。

解答 (4)

# 問題 39

危険物貯蔵タンクに取付けられるエアフォームチャンバーに関する記述のうち正しいものはいくつあるか。

A　エアフォームチャンバーは泡チャンバーともいわれる危険物貯蔵タンク等に取付けられる泡放出口のことである。

B　この泡放出口は，特異な形状をしているために空気を取り入れる吸気口のない構造をしている。

C　放出された泡がタンク内で飛散しないようにデフレクターという部品が取付けられている

D　平常時においてこの泡放出口内に危険物の蒸気等が流入しないためにベーパーシールという部品が用いられている。

(1) 1つ　　(2) 2つ　　(3) 3つ　　(4) 4つ

〈解説〉  P173 参照

A　○　泡チャンバーと別名でよく呼ばれています。

B　×　消火剤の泡は，泡水溶液と空気より形成されますので，空気取り入れ口は必ず必要です。

C　○　液面上に平均して泡が流動展開するために設けられています。

D　○　正しい記述をしています。

解答 (3)

# 4 泡消火薬剤

## ① 泡消火薬剤

### 【泡消火薬剤の基準】

　泡消火薬剤の技術上の規格を定める省令によって製造されたものであることと定められています。

- 使用温度範囲，比重，粘度，流動点，pH，引火点，性状，発泡性能，消火性能，その他，技術上の規格が定められている。
- 使用温度範囲：－5 ℃〜30 ℃ $\left[\begin{array}{l}\text{耐　寒　用：}-10\ ℃\text{〜}30\ ℃\\ \text{超耐寒用：}-20\ ℃\text{〜}30\ ℃\end{array}\right]$
- 型式承認を受け，型式適合検定に合格したものでなければならない。
- 発泡倍率は**5倍以上**であること。
- 放射された泡の**25％還元時間**は，規定以上であること。
　※25％還元時間：発泡した泡の25％（1/4）が，発泡後に泡から水溶液に還元する（水溶液に戻る）までに要する時間をいう。
　▶低発泡用：**1分以上**であること。
　▶高発泡用：**3分以上**であること。
　　※25％還元時間が長い泡は，なかなか消泡しないので耐火性に優れているが，泡の流動性に劣るという欠点もある。

### 【泡消火薬剤の種類】

#### ❶ たん白泡消火薬剤

- 骨粉・大豆などの加水分解たん白を基剤とし，添加物を加えたもの。
- 発泡性・冷却性を有し，耐火性に優れているが流動性にやや劣る。
- <u>酸化変質しやすく，酸化防止策が必要。保存期間が比較的短い。</u>
- <u>低発泡用として用いられている。</u>
- 混合比3％型，6％型のものがある。
　（混合比3％型は，消火薬剤3％と水97％を混合して泡水溶液をつくる）
　（混合比6％型は，消火薬剤6％と水94％を混合して泡水溶液をつくる）
- 比重（20 ℃）1.1〜1.2　　pH 6.0〜7.5　　膨張比6〜8倍程度

**❷ 合成界面活性剤泡消火薬剤**

- 合成界面活性剤(中性洗剤の原料)を基剤とし，安定剤等を添加したもの。
- たん白質より変質しにくいが，分解しにくいため公害の対象となる。
- 水に溶けるので，泡消火薬剤の原液として使用できる。
- 発泡性，冷却性を有している。
- 混合比　1％　1.5％　2％　・・・・・高発泡用
　　　　　3％　6％　　　　　・・・・・低発泡用
- 比重（20℃）0.9～1.2　　pH 6.5～8.5　　膨張比　約10倍～1000倍未満

**❸ 水成膜泡消火薬剤**

- フッ素系界面活性剤を基剤としたもので，表面張力は極めて小さい。
- 水に溶かして泡消火薬剤の原液として使用する。
- 発泡性，冷却性を有し，流動性に富み，長期保存が可能である。
- 石油，ガソリンなどの有機物質に吸着し，薄い皮膜を形成し，石油などの蒸発を抑制するとともに，窒息させる。
- 低発泡用として，屋内駐車場のフォームヘッドに使用される。
- 混合比2％，3％型，6％型のものがある。
- 比重（20℃）1.0～1.15　　pH 6.0～8.5　　膨張比　5～10倍程度

**◯ 水溶性液体用泡消火薬剤**　　（泡消火剤の規格には含まれていない）

- 耐アルコール型の泡消火薬剤で，水溶性液体の火災に使用される。
- たん白質の加水分解物に，金属石鹸を界面活性剤によって乳化分散したものを基剤としている。
- 混合比　6％

**【泡消火薬剤の混合比】**（泡水溶液を作る際の泡消火薬剤と水の混合割合のこと）

- 泡消火薬剤の比重を1とし，**混合比**は容積比でも**重量比**でもよい。
- **泡消火薬剤量**は，**泡水溶液量に混合比を乗ずる**ことにより算出できます。
　（混合比3％の場合は0.03を乗じ，混合比6％の場合は0.06を乗じる）
- 種類の異なる泡消火薬剤は，混合して使用しないこと。
- 混合比の異なる（3％や6％等）消火薬剤を混合しないこと。

# ❷ 泡消火薬剤貯蔵容器

点検に便利で火災及び衝撃などによる損傷のおそれのない所，薬剤が変質するおそれのない場所に設置する。（有効な防護策を講じた場合を除く）

- 貯蔵タンクは金属製の密閉型とする。
- 一般的には鋼板製で内面を合成樹脂などでコーティング処理をしているが，**たん白泡消火薬剤の貯蔵容器**には，鉛を含むコーティング剤は使用できない。
- ダイヤフラムの付いたもの，ステンレス製のものなどがある。
- 混合方式により，耐圧型の容器を用いる必要がある。
- 必要に応じて，液面計，採取口，排液弁，呼気弁，排気弁，補給管，通気管，マンホールなどを設ける。

貯蔵容器には，次の表示をするものとする。

- 種別　　・型式　　・泡消火薬剤の容量　　・使用温度範囲
- 取扱の注意事項　　・製造年月日　　・製造番号
- 製造者又は商標　　・型式承認番号　　・検定合格証

### ≪泡消火薬剤貯蔵量≫

貯蔵量 ＝ 必要な泡水溶液の量 × 薬剤の希釈容量濃度（３％ ６％）

### ≪ 貯蔵容器の例 ≫

# 練習問題にチャレンジ！  泡消火薬剤

## 問題 40

　泡消火設備により放射される泡は膨張比により分類されているが，法令上正しいものは次のうちどれか。

(1)　膨張比が80未満のものを低発泡という。
(2)　膨張比が80〜100のものを中発泡という。
(3)　高発泡の場合の泡放出口は，フォームヘッドを使用する。
(4)　高発泡の泡は，第1種，第2種，第3種の泡に分類される。

〈解説〉 P169 参照

　泡は膨張比により低発泡と高発泡の分類はあるが，法令上中発泡という分類はありません。　　　　　　　　　　　　　　　　　　　　　　　解答　(4)

## 問題 41

　泡消火薬剤についての記述のうち，正しいものはいくつあるか。

A　泡消火剤の発泡倍率は5倍以上であること。
B　放射された高発泡の泡の25％還元時間は，3分以上であること。
C　混合比3％型とは，消火薬剤3％と水97％を混合した水溶液の状態をいう。
D　放射された低発泡の泡の25％還元時間は，1分以上であること。

(1)　1つ　　　(2)　2つ　　　(3)　3つ　　　(4)　4つ

〈解説〉 P176 参照

　すべての項目が正しい記述をしています。　　　　　　　　　　　解答　(4)

# 問題 42

泡消火設備に用いる泡消火薬剤についての記述のうち，正しいものは次のどれか。

(1) 泡消火薬剤は，形状等から型式承認の対象から除外されている。
(2) たん白泡消火薬剤は，低発泡用として使用される。
(3) 合成界面活性剤泡は，もっぱら低発泡用として使用される。
(4) 水成膜泡は，高発泡用として使用される。

〈解説〉 P176・P177 参照

泡消火薬剤は検定対象品なので，当然に型式承認の対象となります。

合成界面活性剤泡は高発泡，低発泡ともに用いられるので，「専ら低発泡」ではありません。

水成膜泡は低発泡の屋内駐車場用として使用されます。

解答 (2)

# 問題 43

泡消火薬剤の貯蔵容器についての記述のうち，正しいものはいくつあるか。

A 貯蔵タンクは，金属製の密閉型とする。
B 腐食性を有する泡消火薬剤の貯蔵容器は，合成樹脂等でコーティングする。
C たん白泡消火薬剤の貯蔵容器には，鉛を含むコーティング剤は使用できない。
D 貯蔵容器には，すべてにダイヤフラムを付けなければならない。

(1) 1つ　　(2) 2つ　　(3) 3つ　　(4) 4つ

〈解説〉 P178 参照

A ○ 説明の通りです。
B ○ 一般的には内面を合成樹脂等でコーティングしています。
C ○ 正しい説明です。これは何回も出題されています。
D × ダイヤフラムを付ける義務はありません。

解答 (3)

# 5 泡消火設備・消火薬剤の点検

## ① 泡消火薬剤の点検

構造・機能・規格・工事・整備

泡消火薬剤の原液は貯蔵タンク等に貯蔵されているが，酸化して変質したり，沈殿したりする場合があるので，**定期的**に性能試験をする必要があります。

泡消火薬剤の一部を採取し，**変色・変質・沈殿・析出**等の有無を確認する。

泡消火薬剤は劣化すると**比重が変化**するので，点検の際に比重を確認する。

泡消火薬剤の**点検試料**を採取する場合は，貯蔵容器の**上段・中段・下段**，からそれぞれ泡試料を採取する。

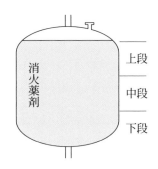

| 泡放出口の性能試験 | 泡消火剤の性状確認 |

泡消火設備を起動し，泡放出口から連続的に安定した泡を放射する状態になったら，放射されている泡消火剤を採取して，次の試験及び測定を行う。

① **放射率** … 放射量が規定以上であることを確認する。

② **分 布** … 泡が平均して放射されていることを確認する。

③ **発泡倍率** … 発泡倍率が規定以上であることを確認する。

④ **25％還元時間** … 25％還元時間が規定以上であることを確認する。

## ≪点検に使用する機器類≫

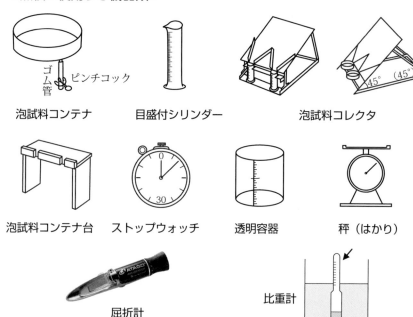

泡試料コンテナ　　　目盛付シリンダー　　　　泡試料コレクタ

泡試料コンテナ台　ストップウォッチ　透明容器　秤（はかり）

屈折計　　　　　　　　　　　比重計

## ≪泡試料の採取方法≫

▶ 泡ヘッドの場合 … 発泡面積の指定位置で採取する。

▶ 泡ノズルの場合 … 泡の落下地点のほぼ中央の位置で採取する。

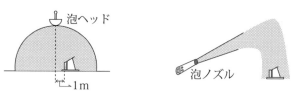

# ❶ 放 射 率

▶ 放射率とは，泡水溶液の毎分あたりの放射量のことである。

▶ 規定以上の放射量が確保されているか，確認する。

　・フォームヘッドを用いる場合，泡消火薬剤の種類により放射量が異なる。注意！

# ❷ 分　　布

▶ 分布とは，泡採取コンテナで採取した採取量の平均値のことをいう。

▶ 放出された泡が平均して放射されていることを確認する。

　・平均値と最低値の差が小さいほどよい。

## ❸ 発泡倍率

▸発泡倍率とは，<u>発生した泡の体積が泡水溶液の何倍であるか</u>を表したもの。

▸泡水溶液の希釈容量濃度の下限値において，放射圧力の上限および下限で，<u>発泡倍率が5倍以上</u>でなければならない。

　・希釈容量濃度（混合率）：一定時間内に放射した水量及び消火薬剤量を測定した濃度をいう。

### 【測定時に用意するもの】

| たん白泡，合成界面活性剤泡（低発泡） | | 水 成 膜 泡 | |
|---|---|---|---|
| ・1400 mL 泡試料コンテナ | 2個 | ・1000 mL 目盛付シリンダー | 2個 |
| ・泡試料コレクタ | 1個 | ・泡試料コレクタ | 1個 |
| ・秤（はかり） | 1個 | ・1000 g 秤 | 1個 |

### 【測定方法】 … 泡試料コレクタで泡を採取して，次の計算をする。

$$\text{発泡倍率} = \frac{1400 \ \text{〔mL〕}}{\text{泡の\underline{重量}〔g〕}} \quad (\text{コンテナの重量を除く})$$

← 泡
← 還元水

## ❹ 25％還元時間

▸放出された泡の25％が水溶液に戻る迄の時間をいう。

▸規定された時間以上，泡が保持されなければならない。

　・泡として保持される時間が短すぎると，消火効果に影響を及ぼす。

　・水の保持能力，泡の流動性などが確認される。

### 【測定時に用意するもの】

| たん白泡，合成界面活性剤泡（低発泡） | | 水 成 膜 泡 | |
|---|---|---|---|
| ・泡試料コンテナ台 | 1個 | ・1000 mL 目盛付シリンダー | 2個 |
| ・ストップウォッチ | 2個 | ・ストップウォッチ | 1個 |
| ・100 mL の透明容器 | 4個 | | |

### 【測定方法】 … 時間を測定するので，ストップウォッチを用いる。

▸泡水溶液の希釈容量濃度の下限値において，放射圧力の上限及び下限で25％還元時間を測定する。

▸実務における「25％還元時間の測定」は，発泡倍率測定の泡試料を併用して，発泡倍率の測定と並行して行なうこともある。（上図参照）

# 放水圧力・放水量の測定

放水圧力は，圧力計で測定します。

放水量は，まず放水圧力を測定し，それに流量係数を乗じて求めます。

## 放水圧力の測定

### ❏ 固 定 式

【低発泡】：放射圧力が最も低くなると予想されるヘッドの一時側及び放射
圧力が最も高くなると予想されるヘッドの一時側に圧力計を取
り付けておき，その圧力を測定します。

【高発泡】：放射圧力が最も低くなると予想される放射区域の放出口及び放
射圧力が最も高くなると予想される放射区域の放出口にそれぞ
れの一時側に設置した圧力計で圧力を測定します。

**スタンドゲージ**
（配管要部水圧検査用）

- 配管に「圧力計」を設けないで，小さな
バルブを設け，スタンドゲージにより
圧力測定を行う方法である。
- 配管のバルブとスタンドゲージの
← 部分を高圧ホースでつなぐ。

### ❏ 移 動 式

放射圧力が最も低くなると予想される箇所の移動式泡消火設備において放射
圧力を測定します。

- 泡消火栓のノズルとホースの間に
「圧力計付管路媒介金具」を取付け
放射時の圧力を測定する。

**[圧力計付管路媒介金具]**

## 放水量の測定 … 放水量は下式により算出します。

$$Q = k \cdot D^2 \cdot \sqrt{10P}$$

$Q$ ：放水量 〔L/分〕
$D$ ：ノズルの径 〔mm〕
$P$ ：放水圧力 〔MPa〕
$k$ ：定数 〔流量係数〕

**クリーニング作業**

　泡消火設備の作動後は，配管・泡放出口などに泡消火薬剤が残留しないように，清水でクリーニングをする必要があります。

クリーニングの手順は，おおむね次のように行ないます。

① 泡消火薬剤貯蔵容器の**出口弁を閉止**する。

② 一斉開放弁の開放に係わる**手動起動装置**その他の弁を**開放**する。

③ **水源の水量を確認**し，不足している場合は補給する。

④ **加圧送水装置を起動**し，配管・泡放出口へ**清水を送り**各部を**清掃**する。

⑤ **泡放出口**から放出される状態が，**完全に清水の状態**になるまで清掃を行う。

⑥ 清掃ができたら，**加圧送水装置を停止**する。

⑦ 一斉開放弁の手動起動装置等，**平常時に閉止状態となる弁を閉止**する。

⑧ 泡消火薬剤貯蔵容器の**消火薬剤の補充又は交換**を行なう。

⑨ 泡消火設備の各装置などの**総合点検**を行なう。

⑩ 泡消火薬剤貯蔵容器の**出口弁を開放**する。

# 練習問題にチャレンジ！

## 点　検

## 問題 44

　泡消火薬剤の性能テストを行なう際，貯蔵容器から採取する試料の採取方法について正しいものはどれか。

(1)　貯蔵タンクの中間から試料を採取して試験を行なう

(2)　貯蔵タンクの上部から試料を採取して試験を行なう。

(3)　貯蔵タンクの下部から試料を採取して試験を行なう。

(4)　貯蔵タンクの上・中・下部から，それぞれの試料を採取して試験を行なう。

〈解説〉　　　　　　　　　　　　　　　　　　P181 参照

　泡消火設備の泡消火薬剤は貯蔵期間中に変色・変質・沈殿・析出などをする場合があるため，定期的に貯蔵容器の上段・中段・下段からそれぞれ点検試料を採取して点検する必要があります。

解答　(4)

## 問題 45

　次の消防用設備に関する記述のうち，誤っているものはどれか。

(1)　非常電源として自動車用高性能蓄電池も用いられる。

(2)　呼水槽は，水源の水位より高い位置にポンプを設置する場合に設ける。

(3)　ポンプと電動機の軸心が狂っていると，電動機の過負荷の原因となる。

(4)　スプリンクラーヘッドの水撃試験には，ピストン型ポンプが用いられる。

〈解説〉　　　　　　　　　　　　　　　　　　P158 参照

　繰返し学習法のひとつです。非常電源に用いる蓄電池設備は自動車用以外のものと定められています。

解答　(1)

# 消防関係法令（共通・類別）

## 第1章
## 共通法令

---

**学習のポイント**

☆**消防関係法令**の共通部分は，多くの項目から成り立っています。

本編では，**重要事項の把握と確認が集中して行なえる**ように，各項目の解説と練習問題を密着させる工夫をしています。

難しく感じる項目は，**項目の要点確認を行ない，次に練習問題を解く**方法を，繰り返し試してください。

☆**法律名**を本書では次のように省略しています。

- ・消組法…消防組織法
- ・消令…消防法施行令
- ・消法…消防法
- ・消則…消防法施行規則

# 1 消防活動 （消組法 6 条～）

　消防活動とは，火災予防・消火活動・人命安全のための活動をいいます。

　また，消防活動は，消防関係法令・省令・火災予防条例・建築基準関連法令等に基づいて行なわれます。

　消防活動は**市町村が主体**となって行ない，**市町村長が管理**をします。

　市町村は消防事務を処理するため，消防本部・消防署又は消防団の**全部又は一部を設ける**ことが定められており，下記のような組織図となります。

**（1）消防本部・消防署を設ける市町村**の場合

**（2）消防本部を設けない市町村**の場合　（消防団が設けられます）

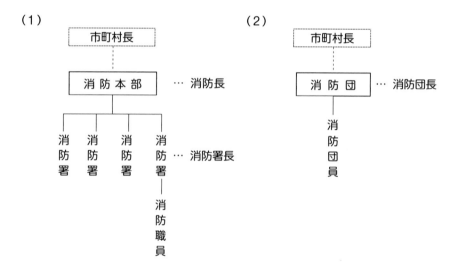

（1）

　市町村長

　消防本部 … 消防長

　消防署　消防署　消防署　消防署 … 消防署長

　　　　　　　　　　　　　　消防職員

（2）

　市町村長

　消防団 … 消防団長

　消防団員

☐ **消防本部の長**を消防長といいます。　消防長が命令・指揮・監督を行ない，消防署が消防事務を処理します。

☐ **消防本部を置かない市町村**では，直接**市町村長が命令・指揮・監督**を行ない，それに基づいて**消防団**が活動します。

☐ 複数の市町村が一体となって組織されるものを，**広域消防**といいます。

## 問題 1

**消防の組織についての記述のうち，誤っているものはどれか。**

(1) 消防本部を置く市町村においては，消防団を置かない。

(2) 消防活動は市町村が主体となって行ない，市町村長が管理する。

(3) 消防本部の長が消防長である。消防長が命令・指揮・監督を行ない，消防署が消防事務の処理にあたる。

(4) 消防本部を置かない市町村では，直接市町村長が命令・指揮・監督を行ない，それに基づいて消防団が活動をする。

〈解説〉

　市町村は，消防本部・消防署又は消防団の**全部又は一部**を設けることが定められております。

　消防本部を置いた場合でも，多くは消防団を置いています。 　　解答 (1)

## 問題 2

**下記の記述のうち，誤っているものはどれか。**

(1) 消防長とは，消防本部の長をいう。

(2) 消防団長とは，所属消防団の指揮，監督を行なう消防団の長をいう。

(3) 消防吏員とは，消防本部を指揮，監督する者をいう。

(4) 消防職員とは，消防本部及び消防署において消防事務に従事する者をいう。

〈解説〉

　消防吏員とは消防本部に勤務する**消防職員のうち，消火・救急・救助・査察などの業務を行なう者**をいいます。

　**消防職員**とは，消防本部及び消防署で消防事務に従事する消防吏員その他の職員をいいます。

　消防本部を指揮・監督する者は消防長です。

　(1)(2)(4)は，正しく記述しています。 　　解答 (3)

## 問題 3

**消防組織についての記述のうち，誤っているものはどれか。**

(1) 市町村は消防団を置かないことができる。
(2) 消防本部の構成員として消防団員も含まれる。
(3) 消防本部及び消防署の常勤職員の定員は条例で定める。
(4) 消防長は市町村長が任命し，そのほかの消防職員は市町村長の承認を得て消防長が任命する。

〈解説〉

　市町村は，消防本部・消防署又は消防団の**全部又は一部**を設ける定めとなっており，**消防本部**又は**消防団**のいずれかを置かないことができます。

　**消防本部を省略して消防署のみの設置はできません。**

　消防本部と消防団は独立した組織であるので，(2)の記述が誤りであることが分かります。　(1)(3)(4)は，正しい記述をしています。

解答　(2)

## 問題 4

**消防の組織についての記述のうち，正しいものはどれか。**

(1) 消防本部を置く市町村においては，消防団を置かない。
(2) 消防活動は市町村が主体となって行ない，当該市町村が属する都道府県知事が管理する。
(3) 消防組織のうち，複数の市町村にまたがって組織されるものを広域消防という。
(4) 消防本部を置かない市町村では，直接消防団長が消防団に対して命令・指揮・監督を行なう。

〈解説〉

　**消防**は**市町村の責任**で行ない，そのために**消防本部・消防署**又は**消防団**の**全部又は一部**を設けます。消防活動については**市町村長**が管理することを再確認しておきましょう。

解答　(3)

# 2 火災予防の措置 （消法 3 条）

## 屋外における措置

　消防長・消防署長・消防吏員は，屋外における火災予防・避難その他の消防活動の障害除去のための**措置命令**を出すことができます。

[例]　▶焚き火・喫煙・火気使用等の禁止・停止・制限・消火準備など

　　　▶燃焼のおそれのある物件の除去，その他の処理　等

　　　※命令が履行されない等の場合は，行政代執行法により消防職員又は第三者にその措置をとらせることができます。

## 防火対象物に対する措置

　消防長又は消防署長は，防火対象物における**火災予防に必要がある場合**は，次の措置をとることができます。

① **資料の提出**を命じ，もしくは**報告**を求める。

② **立入検査**（予防査察）を行う。

　　▶消防職員を**あらゆる場所**に立ち入らせて，消防対象物の位置・構造・設備・管理の状況を**検査させ**，関係者に**質問させる**ことができます。

　　▶立ち入る場合は，市町村長の定める「**証票**」を携帯し，**関係者から請求があったときには提示**しなければならない。

　**消防長又は消防署長**は，防火対象物の位置・構造・設備・管理状況により，使用の禁止・停止・使用制限などの**火災予防措置命令**を出すことができます。

## 問題 5

**火災予防についての記述のうち，誤っているものはどれか。**

(1) 消防本部を置かない市町村の長は，消防団員に命じて消防活動の支障となる物件を除去させることができる。

(2) 消防長は火災予防措置命令が履行されないときは，行政代執行法により消防職員に必要な措置をとらせることができる。

(3) 消防長の命令により防火対象物の立入検査をする消防吏員は，市町村長の定める「証票」を防火対象物の関係者に提示した後において検査をすることができる。

(4) 消防長又は消防署長は，防火対象物における火災予防に必要がある場合は，防火対象物の関係者に対して資料の提出を命じ，若しくは報告を求めることができる。

〈解説〉

　消防機関の火災予防措置及び防火対象物への予防査察の問題です。

　(3)は立入検査（予防査察），(4)は資料提出命令権・報告徴収権の記述です。

　立入検査は，**火災予防上の必要がある場合はいつでも・どこでもできる**規定になっています。また，(3)の**証票の提示**は，**関係者からの請求があったとき**に提示すればよく，立入検査の前提条件ではありません。

　よって，(3)が誤りとなります。(1)(2)(4)は正しい記述です。　　　| 解答　(3) |

## 問題 6

　消防長又は消防署長は火災予防上必要があるときは，権原を有する防火対象物の関係者に対して火災予防措置命令を発することができるとされているが，この命令の対象とならない者はどれか。

(1) 防火対象物の所有者

(2) 権原を有する管理者

(3) 緊急の必要がある場合の工事請負人

(4) 消防用設備の点検を行っている消防設備士

〈解説〉

　一般的に**防火対象物**の関係者は，防火対象物の**所有者・管理者**・命令を実行できる**占有者**が該当するが，火災予防上必要があるときに発せられる火災予防措置命令のうち，**特に緊急の必要があると認める場合**は工事中の**工事請負人**又は**現場管理者**も命令の対象となります。　　　　　　　　　　　解答　(4)

## 問題 7

　消防長又は消防署長の命令により火災予防上必要があるときに行なう防火対象物への立入検査について，誤っているものはどれか。

(1) 立入検査を受ける消防対象物に関係ある者とは，消防対象物の関係者及び従業員等をいう。

(2) 消防職員は，消防対象物の位置，構造，設備，管理の状況を検査し，関係ある者に質問することができる。

(3) 命令を受けて防火対象物の立入検査をする消防職員は，市町村長の定める証票を防火対象物の関係者に提示しなければならない。

(4) 個人の住居は，関係者の承諾を得た場合又は火災の発生が著しく大で，特に緊急の場合以外は立ち入らせてはならない。

〈解説〉

　消防長又は消防署長の命令を受けた**消防職員**の**立入検査**（予防査察）に関する問題です。

　消防本部を置かない市町村では，当該市町村長の命令を受けた**消防事務に従事する職員**又は**常勤の消防団員**が行ないます。

　(1)(2)(4)は正しい記述をしています。(3)が誤っています。

　立入検査をする消防職員等は，市町村長の定める**証票**を**携帯**し**関係ある者**から**請求があるとき**に**提示**します。ただし，請求の無いときは提示する必要はありません。　　　　　　　　　　　　　　　　　　　　　解答　(3)

建築物の新築・増築・改築・移転・修繕・用途変更・使用などについて**許可・認可・確認**を行う**行政庁**又は**指定確認検査機関**は，予め，管轄する消防機関の同意（消防同意）が必要となります。

**消防同意の無い許可・認可・確認は無効**となります。

**消防同意は行政機関等と消防機関との間で行なわれる行為**です。

（建築主や施主が行なう行為ではありません！）

確認・許可・認可の申請　　　　　　同意を求める

 **建築主 等** ⇒ **行政官庁**（市町村等） ⇒ **消防長** 又は **消防署長**

確認・許可・認可　　　　　　　同 意

## 練習問題にチャレンジ！  消防同意

### 問題 8

建築主事が求める消防同意の相手として，誤っているものは次のうちどれか。

(1) 建築予定地を管轄する消防長

(2) 建築予定地を管轄する消防署長

(3) 建築予定地を管轄する指定確認検査機関

(4) 建築予定地が消防本部を置かない市町村の場合の市町村長

〈解説〉

行政庁・建築主事・指定確認検査機関が，建築物の許可・認可・確認を行う前に，予め建築物の所在地等を管轄する**消防長又は消防署長**の**同意**を得る行為です。消防本部を置かない市町村では市町村長が同意します。

指定確認検査機関は建築主事と同じ立場の機関ですから，同意を求める相手ではありません。よって，(3)が誤りとなります。

解答　(3)

# 問題 9

## 消防法に定める消防同意について，誤っているものはどれか。

(1) 建築に着手しようとするものは，行政庁等の窓口で確認申請をすると同時に消防同意の申請をすることができる。

(2) 消防同意がなければ，許可，認可，確認をすることができない。また，消防同意のない許可，認可，確認は無効である。

(3) 消防長又は消防署長は，防火に関するものに違反しないものである場合は，一定の期日以内に同意を与えなければならない。

(4) 建築物の許可，認可，確認の権限を有する行政庁等が建築物等について，管轄する消防長又は消防署長の同意を得る行為である。

〈解説〉

　建築物の新築・改築・修繕・使用などについて**許可・認可・確認**を行う**行政庁**又は**指定確認検査機関**は，予め，管轄する**消防機関の同意**を得る規定となっています。

　**消防同意の無い許可・認可・確認は無効**となります。

　消防機関は，建築物の防火に関するものに違反していない場合は，①一般の建築物・建築設備に関する確認は3日以内，②その他は7日以内に同意を与え，行政庁等に通知しなければなりません。

　また，同意できない事由があるときは，その事由を上記期限内に通知します。

　消防同意は**行政機関等**と**消防機関**との間で行なわれる行為で，建築主や施主等が消防同意に係わることはありません。

解答　(1)

# 【4】防火対象物（政令別表第一）

| （政令別表第一） | | 防 火 対 象 物 　　　　　 特定防火対象物 |
|---|---|---|
| （1） | イ | 劇場，映画館，演芸場，観覧場 |
| | ロ | 公会堂，集会場 |
| （2） | イ | キャバレー，カフェー，ナイトクラブ，その他これらに類するもの |
| | ロ | 遊技場，ダンスホール |
| | ハ | 性風俗関連特殊営業店舗，その他総務省令で定めるこれに類するもの |
| | ニ | カラオケボックスその他遊興の設備・物品等を個室で利用させる店舗で総務省令で定めるもの |
| （3） | イ | 待合，料理店，その他これらに類するもの |
| | ロ | 飲食店 |
| （4） | | 百貨店，マーケット，その他の物品販売業を営む店舗又は展示場 |
| （5） | イ | 旅館，ホテル，宿泊所，その他これらに類するもの |
| | ロ | 寄宿舎，下宿，共同住宅 |
| （6） | イ | 病院，診療所，助産所 |
| | ロ | 老人短期入所施設，養護老人ホーム，介護老人保健施設，有料老人ホーム，軽費老人ホーム，救護施設，乳児院，障害児入所施設，障害者支援施設，等【避難が困難な要介護者の入居・宿泊施設，避難が困難な障害者等の入所施設】 |
| | ハ | 老人デイサービスセンター，老人介護支援センター，児童養護施設，一時預り業施設 更生施設，保育所，助産施設，放課後等デイサービス業施設等【主に通所施設】 |
| | ニ | 幼稚園，特別支援学校　　　　　　　　　　（ロハは施設の概要） |
| （7） | | 小学校，中学校，高等学校，中等教育学校，高等専門学校，大学，専修学校，各種学校，その他これらに類するもの |
| （8） | | 図書館，博物館，美術館，その他これらに類するもの |
| （9） | イ | 公衆浴場のうち，蒸気浴場，熱気浴場，その他これらに類するもの |
| | ロ | イにかかげる以外の公衆浴場 |
| （10） | | 車両の停車場，船舶・航空機の発着場（旅客の乗降・待合のための建築物） |
| （11） | | 神社，寺院，教会，その他これらに類するもの |
| （12） | イ | 工場，作業場 |
| | ロ | 映画スタジオ，テレビスタジオ |
| （13） | イ | 自動車の車庫・駐車場 |
| | ロ | 飛行機・回転翼航空機の格納庫 |
| （14） | | 倉庫 |
| （15） | | 前各項に該当しない事業場 |
| （16） | イ | 複合用途防火対象物のうち，その一部が(1)～(4) (5)イ (6) (9)イに掲げる防火対象物の用途に供されているもの |
| | ロ | イに掲げる以外の複合用途防火対象物 |
| (16)の | 2 | 地下街 |
| (16)の | 3 | 建物の地階で地下道に面したもの，及び地下道　（特定用途が存するもの） |
| （17） | | 重要文化財，重要有形民俗文化財，史跡，重要美術品である建造物 等 |
| （18） | | 延長50m以上のアーケード |
| （19） | | 市町村長の指定する山林 |
| （20） | | 総務省令で定める舟車 |

[政令別表第一] は，法令のいたるところに係わってきます。重要部分と注意すべき点は，次のとおりです。

### ▣ 特定防火対象物

**不特定多数の人が出入りし，火災危険が大きく，火災時の避難が容易でない**防火対象物を**特定防火対象物**といいます。

政令別表第一において「イ・ロ・ハ」の部分が**黒く網掛け**されているものが**特定防火対象物**に該当します。

特定防火対象物は消防用設備等の設置基準等が厳格なものとなるので，特定防火対象物か否かの判別を常に心がける必要があります。

### ▣ 複合用途防火対象物

複合用途防火対象物は **(16)** 項の防火対象物となるが，別表第一で区分された**2以上の用途に供される防火対象物**を**複合用途防火対象物**といいます。

(16)ィと (16)ロの違いは次のとおりです。

- **(16)ィ**：複合用途防火対象物のうち，その一部に「特定防火対象物」が**在る**場合は**建物全体**が**特定防火対象物**の扱いとなります。

- **(16)ロ**：複合用途防火対象物であるが「特定防火対象物」が**ない**場合は，**非特定防火対象物**の扱いとなります。

《(16)ィの例》

| | | |
|---|---|---|
| 4 F | 事 務 所 | (15)項 |
| 3 F | 事 務 所 | (15)項 |
| 2 F | 事 務 所 | (15)項 |
| 1 F | *喫 茶 店 | (3)項 |

《(16)ロの例》

| | | |
|---|---|---|
| 4 F | 事 務 所 | (15)項 |
| 3 F | 事 務 所 | (15)項 |
| 2 F | *学 習 塾 | (7)項 |
| 1 F | 事 務 所 | (15)項 |

※特定用途部分の面積が，延べ面積の10％以下で，かつ，300 m²未満の場合は，特定防火対象物の扱いとしないで (16)ロの建物として扱う。

### ▣その他の注意点

- **( 5 )ィ**は特定防火対象物であるが，**( 5 )ロ**は，常に特定の人が居住する施設であることから，特定防火対象物とはならない。
- **( 8 )** 項の図書館・博物館・美術館は，特定防火対象物ではない。
- **事務所**は (15) 項に該当する。( 1 )～(14) 項までに該当しない事業場は **(15)** 項の扱いとなる。
- **幼稚園**は**特定防火対象物**，**小学校以上**は**非**特定防火対象物となる。
- **( 6 )ロ**は，あらゆる面で厳しい基準となるので注意が必要です。

4 防火対象物 ┃ 197

3-1 消防関係法令 共通法令

> **防火対象物についての記述のうち，誤っているものはどれか。**
>
> (1) 特定防火対象物とは，不特定多数の者が出入し，火災危険が大きく，火災時の避難が容易でない防火対象物をいう。
> (2) 政令別表第一の（5）項に区分されている共同住宅のうち，15階建ての専用住宅マンションは非特定防火対象物である。
> (3) 事務所は，政令別表第一（1）～（14）項までに該当しない事業場であることから，（15）項の防火対象物としての扱いとなる。
> (4) 複合用途防火対象物は，政令別表第一に示す2以上の用途に供される防火対象物で，異種用途が混在することから特定防火対象物である。

〈解説〉

　法令問題は長文化の傾向にありますが，内容自体は複雑ではありませんので，長文に慣れておきましょう。

(1)：○　**不特定多数の人が出入りし，火災危険が大きく，**火災時の**避難が容易でない**防火対象物を**特定防火対象物**といいます。正しい記述です。

(2)：○　（5）項には，旅館・ホテルなどが属する（5）ィと，共同住宅・寄宿舎が属する（5）ロがあります。（5）ィは特定防火対象物ですが，（5）ロは，不特定の人が居住又は宿泊する施設ではないので，専用住宅である限り特定防火対象物とはなりません。

(3)：○　事務所などのように政令別表第一（1）～（14）項までに該当しない事業場は **(15)** 項の扱いとなります。

(4)：×　複合用途防火対象物には，特定用途部分が含まれるために特定防火対象物として扱われる（16）ィと，特定用途部分が含まれない非特定防火対象物の（16）ロがあります。

| 解答 | (4) |
| --- | --- |

《（16）ィの例》

| | | |
| --- | --- | --- |
| 3 F | 事　務　所 | (15)項 |
| 2 F | 事　務　所 | (15)項 |
| 1 F | ＊喫　茶　店 | (3)項 |

《（16）ロの例》

| | | |
| --- | --- | --- |
| 3 F | 事　務　所 | (15)項 |
| 2 F | ＊学　習　塾 | (7)項 |
| 1 F | 事　務　所 | (15)項 |

## 問題 11

　下記のうち，消防関係法令において特定防火対象物としているものはいくつあるか。

　　　・百貨店　　　・幼稚園　　　・病　院　　　・美術館

　(1)　1つ　　　(2)　2つ　　　(3)　3つ　　　(4)　4つ

〈解説〉

　特定防火対象物は消防用設備等の設置を含めて，取扱いが非常に厳しいものとなります。特定防火対象物であるか否かの判別を的確に行なえるように心がけて下さい。

　百貨店（4）項，幼稚園（6）項，病院（6）項の3つが特定防火対象物に該当します。美術館・図書館・博物館は（8）項に該当する非特定防火対象物です。図書館・博物館・美術館は間違いやすいので要注意です。

解答　(3)

## 問題 12

　防火対象物と政令別表第一における区分との組合せのうち，誤っているものは次のうちどれか。

　(1)　映画館 …（1）項
　(2)　飲食店 …（3）項
　(3)　小学校 …（7）項
　(4)　博物館 …（15）項

〈解説〉

　カラオケボックス，ナイトクラブ，遊技場などは（2）項の代表的なものです。また，（1）～（6）項までは（5）ロを除いて特定防火対象物です。

　(1)～(3)は記載の通り，(4)の博物館は（8）項となります。

解答　(4)

※主な防火対象物の「名称」と該当する「項」を把握しておくと，実技問題の解答が非常にスムーズになります。

## 問題 13

下記のうち，消防関係法令において特定防火対象物としているものはいくつあるか。

・民宿　　・マーケット　　・図書館　　・映画スタジオ

(1) 1つ　　(2) 2つ　　(3) 3つ　　(4) 4つ

〈解説〉

政令別表第一から，民宿（5）ィ，マーケット（4）項が特定防火対象物であり，図書館（8）項，映画スタジオ（12）項が**非**特定防火対象物であることが分かります。

特定防火対象物の見極めは繰り返し行ってください。

| 解答　(2) |

 **特定防火対象物の整理方法**

つぎのものが特定防火対象物です。

◎（1）～（6）項までは特定防火対象物。（5）□を除く

◎上記以外は，次の3つです。

▶（9）ィ　　（公衆浴場の蒸気浴場・熱気浴場）

▶（16）ィ　　（特定用途を含む複合用途防火対象物）

▶（16）の2（地下街），（16）の3（建物の地下道に面するもの）

※上記，**特定防火対象物の属する項と用途**を繰り返し確認してください。

# 5 防火管理者 （消法 8 条，消令 3 条，消則 2 条）

定められた防火対象物の**管理の権原者**は，一定の資格を有する者のうちから**防火管理者を選任**することが定められています。（届出義務あり）

## 防火管理者を選任する基準

① 政令別表第一（6）ロ … **収容人員10名以上のもの。**
   （16）ィ・（16）の2のうち，（6）ロの用途部分が存するものを含む

② 特定防火対象物 … **収容人員30名以上，かつ，延面積300 m²以上又は延面積300 m²未満のもの。**（前項①を除く）

③ 非特定防火対象物 … **収容人員50名以上，かつ，延面積500 m²以上又は延面積500 m²未満のもの。**

④ 新築工事中の建築物 … **収容人員50名以上**で定められたもの。

⑤ 建造中の旅客船 … **収容人員50名以上**で定められたもの。

この項では，特定防火対象物で延面積300 m²以上のもの，非特定防火対象物で延面積500 m²以上のものを**甲種防火対象物**といい，それ未満の延面積のものを**乙種防火対象物**といいます。

**甲種防火対象物**は**甲種防火管理者**が管理をすることができ，**乙種防火対象物**は**甲種及び乙種防火管理者**が管理をすることができます。

## 防火管理者の責務

防火管理者は，次の火災予防上必要な業務を行なわなければならない。

▶ **消防計画の作成**（所轄の消防長又は消防署長に届け出の義務がある）
▶ 消火・通報・避難訓練の実施
▶ 消防用設備類・消防用水・消火活動上必要な施設の点検・整備
▶ 火気の使用・取扱いに関する監督
▶ 避難又は防火上必要な構造・設備の維持管理
▶ 収容人員の管理・その他防火管理上必要な業務

## 統括防火管理者の選任

①高層建築物，②管理の権原が分かれている防火対象物，③管理権原が分かれた地下街のうち，消防長又は消防署長が指定したものの管理権原者は，防火対象物全体を統括管理する**統括防火管理者**を選任しなければならない。

## 練習問題にチャレンジ！  防火管理者

# 問題 14

**防火管理者について，誤っている記述のものはどれか。**

(1) 定められた防火対象物の管理権原者は，資格を有する者の中から防火管理者を選任しなければならない。

(2) 防火管理者が防火管理上の業務を行なうときは，必要に応じて当該防火対象物の管理権原者の指示を受けて職務を遂行する。

(3) 防火管理者を選任した場合は，その旨を消防長又は消防署長に届け出る。ただし，解任についてはこの限りではない。

(4) 防火管理者は，総務省令の定めにより消防計画を作成し，これに基づいて消火，通報，避難訓練を定期的に実施しなければならない。

〈解説〉　　　　　　　　　　　　　　　　　　　　　　☞P201 参照

(1) 防火管理者の**資格を有する者**とは，下記①又は②に該当し，防火管理業務を適切に遂行できる管理的又は監督的な地位にある者をいう。

　　① 都道府県知事・消防本部及び消防署を置く市町村の消防長・登録講習機関が行なう**甲種防火管理講習・乙種防火管理講習**の課程を**修了した者**。

　　② 総務省令での定めにより防火管理者として必要な学識経験を有すると認められる者，及びこれに準ずる者。

(2) 防火管理者は，**必要に応じて**防火対象物の**管理権原者の指示**を受けて業務を行ないます。

(3) 防火管理者を選任又は解任した場合は，所轄の**消防長又は消防署長に届け出る**ことが定められており，無届・不選任などには罰則があります。

(4) 防火管理者は当該防火対象物の消防計画を作成し，これに基づいて火災予防上必要な業務を行ないます。（P201 **防火管理者の責務** 参照）

　　したがって，(3)が誤りとなります。　　　　　　　　　　　　| 解答　(3) |

## 問題 15

　防火管理者の選任義務があるものとして，誤っているものは次のうちどれか。

(1)　政令別表第一の（6）項ロに該当する収容人員20名のもの。

(2)　延べ面積300 m²の特定防火対象物で収容人員30名のもの。

(3)　延べ面積500 m²の非特定防火対象物で収容人員40名のもの。

(4)　建造中の旅客船で，収容人員50名以上，かつ，甲板数が11以上の進水後で艤装中のもの。

〈解説〉　　　　　　　　　　　　　　　　　　　P201 参照

　防火管理者の選任か否かは，甲種防火対象物・乙種防火対象物，延面積とは直接関わりなく，特定防火対象物・非特定防火対象物の種別ごとに定められた**収容人員**で決まります。

（防火管理者の選任対象 … 政令別表第一(16)の3，(18)〜(20)を除く）

(1) …　**(6)項ロ**のものは，**収容人員10名**から選任義務が生じます。

(2) …　特定防火対象物は，**収容人員30名**から選任義務が生じます。

(3) …　非特定防火対象物は，**収容人員50名**から選任義務が生じます。

(4) …　建造中の旅客船の選任基準を述べています。　　　　　　解答　(3)

## 問題 16

　**防火管理者の業務について，誤っているものは次のどれか。**

(1)　火気の使用・取扱いに関する監督を行なう。

(2)　消防計画を作成し，消火・通報・避難訓練を実施する。

(3)　収容人員の管理・その他防火管理上必要な業務を行なう。

(4)　消防用設備類・消火活動上必要な施設の工事，整備を行なう。

〈解説〉　　　　　　　　　　　　　　　　　　　P201 参照

防火管理者は上記選択肢の(1)(2)(3)の業務を行ないます。

(4)：消防用設備類の「**工事**」は防火管理者の業務ではありません。

正しくは，「**点検**，整備」となります。　　　　　　　　　　解答　(4)

# **6** 防火対象物の点検・報告 <small>(消法8条の2の2)</small>

　下記に該当する防火対象物の管理権原者は，**火災予防上必要な事項等**について**資格のある者**に**点検**をさせ，その結果を**報告**する定めがあります。

## 点検・報告の基準 <small>(消令8条の2の2，消則4条の2の4)</small>

- **特定防火対象物**のうち，次の**いずれか**に**該当**するもの。
  - ▸収容人員が**300人以上**のもの。
  - ▸**特定1階段等防火対象物** ・（6）項ロの用途が存する収容人員10人以上のもの，それ以外の用途の収容人員30人以上のものが該当
- **点検の期間**：**1年に1回**
- **点検資格者**：防火対象物点検資格者

　点検基準に適合していると認められた場合は，総務省令で定めた**表示**をすることができます。（図1）

　点検・報告の開始後，過去**3年以内**に命令等の違反や管理権原者の変更等がない場合は，申請により点検・報告の**特例の認定**を受けることができ，以後**3年間**について**定期点検・報告義務が免除**されます。

　特例の認定を受けた場合，特例認定の表示をすることができます。（図2）

**【防火基準点検済証】**　　　　　　　　　**【防火優良認定証】**

図1

図2

**【特定1階段等防火対象物】**

> 特定1階段等防火対象物とは，屋内階段が1つで，1階・2階以外の階に，特定用途部分（特定防火対象物）がある建物をいいます。
> ただし，階段が屋外にある場合は，特定1階段等防火対象物とはなりません。

※この形の建物は小規模ビルに最も多く，災害時に避難が容易でないことから基準の適用が非常に厳しいものとなっています。

## 問題 17

　消防法第8条の2の2に定める防火対象物の定期点検についての記述のうち，適切でないものはどれか。

(1) 特定防火対象物で収容人員が300人以上のものは，定期点検義務がある。

(2) 点検対象事項が点検基準に適合していると認められた場合は，総務省令で定めた表示をすることができる。

(3) 特定1階段等防火対象物は，別表第一（6）ロの用途の収容人員10人以上，それ以外の用途の収容人員30人以上のものに点検義務がある。

(4) 定められた防火対象物の管理権原者は，火災予防上必要な事項を自らが点検し，その結果を1年に1回報告しなければならない。

〈解説〉

　小規模なビルの火災にもかかわらず，大惨事を引き起こした経験から生まれた規定です。

• 定められた防火対象物の管理の権原者は，**火災予防上必要な事項等を1年に1回，防火対象物点検資格者に点検をさせ，報告をする**ことが義務付けられています。

• 点検基準に適合していると認められた場合は，総務省令で定めた**表示**をすることができます。（表示は義務ではありません）

• 点検・報告の開始後，過去3年以内に命令等の違反や管理権原者の変更等，除外規定に該当しない場合は，申請により点検・報告の**特例**の認定を受けることができ，以後**3年間**は**定期点検・報告義務が免除**されます。

　本問は(4)が誤りです。点検は専門知識を持った**防火対象物点検資格者に点検させる**こととなっています。

| 解答 | (4) |

# 7 消防用の設備等 <small>（消法17条，消令7条）</small>

## 消防の用に供する設備等

次に該当するものが**消防の用に供する設備等**として設置が認められます。

### ❶ 法令で定められたもの（ルートA）

▶ 法令で定める**消火設備・警報設備・避難設備，消防用水・消火活動上必要な施設**をいいます。（通常用いられる消防用設備等）

| | |
|---|---|
| 消火設備 | 消火器，簡易消火用具（水バケツ，水槽，乾燥砂，膨張ひる石，膨張真珠岩）<br>屋内消火栓設備，屋外消火栓設備，スプリンクラー設備，<br>水噴霧消火設備，泡消火設備，不活性ガス消火設備，粉末消火設備<br>ハロゲン化物消火設備，動力消防ポンプ設備 |
| 警報設備 | 自動火災報知設備，ガス漏れ火災警報設備，漏電火災警報器，<br>消防機関へ通報する火災報知設備，<br>非常警報器具（警鐘，携帯用拡声器，手動式サイレン，その他の非常警報器具）<br>非常警報設備（非常ベル，自動式サイレン，放送設備） |
| 避難設備 | 避難はしご，救助袋，緩降機，すべり台，避難橋，その他の避難器具<br>誘導灯・誘導標識 |
| 消防用水 | 防火水槽，これに代わる貯水池，その他の用水 |
| 消火活動上必要な施設 | 排煙設備，連結散水設備，連結送水管，<br>非常コンセント設備，無線通信補助設備 |

### ❷ 必要な防火安全性能を有する設備等（ルートB） <small>（令29条の4）</small>

▶ 必要とされる**防火安全性能を有する消防の用に供する設備**として**消防長**又は**消防署長**が認めるもの。

▶ 防火安全性能とは，(1)**初期拡大抑制性能**，(2)**避難安全支援性能**，(3)**消防隊活動支援性能**をいう。

▶ 技術上の基準等に適合することにより認められる。

［例］・パッケージ型消火設備，パッケージ型自動消火設備　等

### ❸ 大臣認定による特殊消防用設備等（ルートC） <small>（法17条の2の2）</small>

▶ 消防用設備等と同等以上の性能を有し，**設備等設置維持計画に従って設置し，維持**するものとして**総務大臣**が認定したもの。

▶ 総務大臣が認定しようとするときは，その旨を関係消防長又は消防署長に通知しなければならない。

［例］・加圧防煙システム（排煙設備）等

# 練習問題にチャレンジ！  消防用の設備等

## 問題 18

**消防の用に供する設備等としての認定について，誤っているものは次のうちどれか。**

(1) 消防用の設備等は，法令で定められたものの他，防火安全性能の評価が行なわれ，技術基準に適合するものは設置が認められる。
(2) 必要とされる防火安全性能を有する消防の用に供する設備として消防長又は消防署長が認めるものは設置が認められる。
(3) 消防法施行令第7条に定める消火設備，警報設備，避難設備は，消防庁長官が認めるものは設置が認められる。
(4) 消防用設備等と同等以上の性能を有し，設備等設置維持計画に従って設置し，維持するものとして総務大臣が認定したものは設置が認められる。

〈解説〉

　種々の性能を持つ消防用の設備類が開発されていることから，法規定だけにとらわれずに，防火安全性能を評価し，一定基準以上のものは設置が認められるしくみとなっています。

　(3)の法令で規定されているものは，認定等の手続きは必要ありません。

　誤りは(3)で，(1)(2)(4)は正しく説明しています。　　　　　　　| 解答　(3) |

## 問題 19

**消防法施行令第7条に規定された消防用設備等の組合せのうち，誤っているものは次のうちどれか。**

(1) 警報設備 … 自動火災報知設備，漏電火災警報器，非常ベル
(2) 消火設備 … 屋内消火栓設備，動力消防ポンプ設備，乾燥砂
(3) 避難設備 … 緩降機，救助袋，誘導標識
(4) 消火活動上必要な施設 … 排煙設備，連結送水管，防火水槽

〈解説〉

　消火活動上必要な施設に分類されている**防火水槽**は，消防用水に属する設備・施設です。よって，(4)が誤りとなります。　　　　　　| 解答　(4) |

**3-1**

消防関係法令　共通法令

## 問題 20

　消防の用に供する設備等として認められる認定の基準に関する記述について，誤っているものはどれか。

(1)　防火安全性能試験により安全性の確認が行なわれ，技術基準に適合するか否かの評価が行われる。

(2)　消防法施行令第7条に定める消火設備，警報設備，避難設備のうち，消防庁長官が認めるものは設置が認められる。

(3)　必要とされる防火安全性能を有する消防の用に供する設備として消防長又は消防署長が認めたものは設置が認められる。

(4)　消防用設備等と同等以上の性能を有し，設備等設置維持計画に従って設置し，維持するものとして総務大臣が認定したものは設置が認められる。

〈解説〉

　法規定だけにとらわれずに**防火安全性能を評価**し，一定基準以上のものは**消防の用に供する設備**として設置が認められます。

　消防の用に供する設備として認められる経路（ルート）が異なることから，ルートA，ルートB，ルートCとしています。（詳細はP206参照）

　(2)の**法令で定めた設備**はすでに設置が認められた設備です。　　| 解答　(2) |

## 問題 21

　消防の用に供される設備に必要とされる防火安全性能として，不適切なものは次のうちどれか。

(1)　初期拡大抑制性能　　　(2)　避難安全支援性能

(3)　設置維持支援性能　　　(4)　消防隊活動支援性能

〈解説〉

　消防用設備等に必要な防火安全性能とは，(1)**初期拡大抑制性能**，(2)**避難安全支援性能**，(3)**消防隊活動支援性能**をいいます。

　上記より，設置維持支援性能はありません。　　| 解答　(3) |

# ❽ 消防用設備等の工事

消防用設備等又は特殊消防用設備等の工事又は整備を行なうには，消防設備士の免状が必要となります。

消防用の設備等の設置は，**着工届 → 設置届 → 設置検査**の順で行われます。

## 着 工 届 （消法17条の14）

消防用設備等及び特殊消防用設備等の政令で定める工事をするときは，工事着手日の**10日前**までに，消防長又は消防署長に対し，必要事項を記載した**着工届**を提出しなければならない。

▶ **届出義務者：工事に係る甲種消防設備士**

## 設 置 届

工事の完了日から**4日以内**に，消防長又は消防署長に届け出をします。
設置届の届け出義務者は**防火対象物の関係者**となるので注意して下さい。

▶ **届出義務者：防火対象物の関係者**（所有者，管理者 又は 占有者）

## 設 置 検 査 （消法17条の3の2，消令35条）

設置届を提出した後に，次の防火対象物は**検査**を受けることになります。

### ❑ 検査の対象となるもの
① 令別表第一**(2)**ₙ，**(5)**ᵢ，**(6)**ᵢ(1)～(3)，**(6)**ₗの防火対象物
② 令別表第一**(6)**ₙ（利用者を入居又は宿泊させるもの）
③ 令別表第一**(16)**ᵢ，**(16)の2・3**（上記①②が存するもの）
④ **特定防火対象物**で，延面積が**300 m²以上**のもの。（上記①②③除く）
⑤ **非特定防火対象物**で，延面積が**300 m²以上**のもののうち消防長又は消防署長が火災予防上必要があると認めて指定したもの。
⑥ **特定1階段等防火対象物**

### ❑ 検査を受けなくてよい設備等
設置された防火対象物の種類に関係なく，**簡易消火用具，非常警報器具**及び省令で定める舟車は，検査を受ける必要がありません。

## 問題 22

　消防用設備等又は特殊消防用設備等の工事についての記述のうち，誤っているものはどれか。

- (1) 工事に係る消防設備士は，工事着手日の10日前までに，消防長又は消防署長に着工届を提出しなければならない。
- (2) 工事の着工届は，設置工事と同様に変更工事においても消防長又は消防署長に着工届を提出しなければならない。
- (3) 工事に係わった消防設備士は，工事が完了した日から4日以内に，消防長又は消防署長に設置届を提出しなければならない。
- (4) 設置届を提出した後に，一定の防火対象物は検査を受けなければならない。

〈解説〉

　消防用の設備等の設置（変更）工事は，**着工届 → 設置届 → 設置検査**の手順で行われます。

　(3)：×　**設置届**は，個々の防火対象物に消防用設備等を設置したことの届けであるので，**防火対象物の関係者**が届を提出します。

　したがって，届け出義務者は消防設備士ではありません。　　　解答　(3)

## 問題 23

　消防用設備等の設置検査についての記述のうち，正しいものはいくつあるか。

- A　特定防火対象物で延べ面積が300 m²以上のものは，検査の対象となる。
- B　非特定防火対象物に設置する避難設備は検査の必要はない。
- C　消防用設備等の設置工事が完了した日から4日以内に設置届を提出し，一定の防火対象物の消防用設備等は検査を受けなければならない。
- D　消防用設備等の設置届は当該工事に係わった消防設備士が提出する。

　　(1)　1つ　　　(2)　2つ　　　(3)　3つ　　　(4)　4つ

〈解説〉

　設置された防火対象物の種類に関係なく，**簡易消火用具**，**非常警報器具**及び省令で定める舟車は，検査を受ける必要がありません。

　A：○　特定防火対象物で，延面積が300 m²以上は検査対象です。

　B：×　非特定防火対象物でも，検査対象となる場合があります。

　C：○　正しい記述です。

　D：×　設置届け出義務者は，防火対象物の関係者です。

　したがって，正しいものはACの2つとなります。　　　| 解答　(2) |

## 問題 24

　次の消防の用に供する設備の設置工事についての記述のうち，誤っているものはどれか。

(1) 消防用の設備等の設置は，着工届，設置届，設置検査の手順で行なわれる。

(2) 設置工事に着手する10日前までに，工事に係わる甲種消防設備士は所轄消防長又は消防署長に対し着工届を提出する。

(3) 消防用の設備等の設置が完了した日から4日以内に，工事に係わった甲種消防設備士は消防長又は消防署長に設置届を提出する。

(4) 特定防火対象物で延面積が300 m²以上のものは，設置届提出後に当該消防用の設備等の検査を受けなければならない。

〈解説〉

　確認のための繰り返し問題です。　設置届は，個々の防火対象物に消防用設備等を設置したことの届けであるので，**防火対象物の関係者**に届け出の義務があります。

　したがって，設置届は防火対象物の関係者が提出します。　　| 解答　(3) |

# （9）定期点検 （消法17条の3の3，消令36条，消則31条の6）

　消防用設備等の設置を義務付けられた防火対象物の関係者は，設置された消防用設備等又は特殊消防用設備等について定期的に点検し，技術基準を維持することとされています。

## ❶ 定期点検・報告の義務があるもの

○「**政令別表第一（20）項以外のすべてのもの**」が該当します。

○**消防設備士**又は**消防設備点検資格者**に**点検させなければならないもの**。

- ▶ 特定防火対象物で，**延面積が1000 m²以上**のもの。
- ▶ 非特定防火対象物は，**延面積が1000 m²以上**のもので，消防長又は消防署長から**指定されたもの。**
- ▶ 特定1階段等防火対象物

※上記以外は，関係者自らが点検し，報告することができます。

## ❷ 定期点検の種類

- ▶ **機器点検** …・消防用設備・機器等の配置，損傷の有無及び，簡易操作による機能の確認等を行う。
  - ・点検期間：**6ヵ月**
- ▶ **総合点検** …・消防用設備等の全部又は一部を作動させて，総合的な機能を点検する。
  - ・点検期間：**1年**

※**点検結果は「維持台帳」に記録し，必ず残さなければなりません。**

※**特殊消防用設備等の点検は，設備等設置維持計画に定められた期間ごとに行ないます。**

## ❸ 点検結果の報告

　**防火対象物の関係者**は，**点検結果**について，下記区分に従い消防長又は消防署長に**報告**しなければなりません。

- ▶ 特定防火対象物　　…　**1年に1回**
- ▶ 特定防火対象物 以外 …　**3年に1回**

# 練習問題にチャレンジ！

## 問題 25

> 消防用設備等又は特殊消防用設備等の定期点検についての記述のうち，誤っているものはどれか。
>
> (1) 特定1階段等防火対象物については，延べ面積1000 m²以上のものが定期点検，報告の対象となる。
> (2) 非特定防火対象物のうち，延べ面積が1000 m²以上で，消防長又は消防署長等から指定されたものは，点検，報告の義務がある。
> (3) 特定防火対象物のうち，延面積が1000 m²以上のものの消防用設備等の点検は，消防設備士又は消防設備点検資格者に点検させなければならない。
> (4) 特殊消防用設備等の点検の期間は，消防用設備等の点検期間とは別に定められており，特殊消防用設備等設置維持計画に定める期間とされている。

〈解説〉

　消防用設備等の設置を義務付けられた防火対象物の関係者は，設置された消防用設備等又は特殊消防用設備等について定期的に点検し，技術基準を常に維持することが定められています。

**❏ 定期点検・報告の義務がある防火対象物**

　政令別表第一(20)項以外のすべてのものが，対象となります。

**❏ 消防設備士又は消防設備点検資格者に点検させなければならないもの。**

① 特定防火対象物で，**延面積が1000 m²以上**のもの。
② 非特定防火対象物は，**延面積が1000 m²以上**のもので，消防長又は消防署長から**指定されたもの**。
③ 特定1階段等防火対象物

　※上記以外は，関係者自らが点検し，報告することができます。

　(1)の**特定1階段等防火対象物**は面積と係わりなく**定期点検，報告の義務**があります。

解答 (1)

# 問題 26

　消防用設備等又は特殊消防用設備等の定期点検についての記述のうち，**誤っているもの**はどれか。

(1)　機器点検は，消防用設備や機器等の配置，損傷の有無及び簡易な操作による機能の確認等を 6 か月ごとに行う点検である。

(2)　総合点検は，消防用設備等の全部又は一部を作動させ，または消防用設備等を使用して総合的な機能を点検することをいう。

(3)　消防用設備等の設置義務のある防火対象物の関係者は，消防用設備等を定期的に点検し，技術基準を維持しなければならない。

(4)　消防設備士などの有資格者は，定期点検を適正に行い，その結果を遅滞なく消防長又は消防署長に報告しなければならない。

〈解説〉

**定期点検の種類**

　　▶**機器点検**… 6 か月　　　▶**総合点検**… 1 年

　❏点検結果は「維持台帳」に記録し，必ず残さなければなりません。

(4)の報告義務者は，防火対象物の関係者です。　　　　　　　| 解答　(4) |

# 問題 27

　消防用設備等又は特殊消防用設備等の点検報告の期間についての組合せのうち，**正しいもの**はどれか。

(1)　図書館 …　1 年に 1 回

(2)　公会堂 …　1 年に 1 回

(3)　幼稚園 …　3 年に 1 回

(4)　診療所 …　3 年に 1 回

〈解説〉

　**点検結果の報告**は，下記区分に従い消防長又は消防署長に**報告**します。

　　▶**特定防火対象物**　　　… 1 年に 1 回

　　▶**特定防火対象物 以外** … 3 年に 1 回

(1)図書館（特定防火対象物 以外），(2)(3)(4)（特定防火対象物）

したがって，(2)の公会堂 … 1 年に 1 回が正解となります。　| 解答　(2) |

# 問題 28

消防用設備等又は特殊消防用設備等の定期点検及び報告についての記述のうち，誤っているものはどれか。

(1) 消防本部を設けない市町村においては，消防用設備等の点検報告は当該市町村長に行なわなければならない。

(2) 特殊消防用設備等の点検及び報告は，通常用いられる消防用設備等の規定に係わらず，設備等設置維持計画に基づいて行なわれる。

(3) 防火対象物の関係者は定期に消防用設備等の点検を行ない，その結果を速やかに消防機関へ報告しなければならない。

(4) 消防設備士など有資格者の点検が定められた防火対象物以外は，防火対象物の関係者自らが点検し結果を報告することができる。

〈解説〉

消防用設備等の定期点検のうち比較的あいまいになりがちな部分について，再確認をするための問題です。

(1)：○　消防本部を置かない市町村では市町村長になります。

(2)：○　特殊消防用設備等は，設備等設置維持計画に従って設置され維持されます。

(3)：×　報告期間は，特定防火対象物は1年に1回，特定防火対象物以外は3年に1回と定められています。

(4)：○　資格者の点検が定められたもの以外は，防火対象物の関係者自らが点検し報告することができます。

解答　(3)

## 消防用設備等・特殊消防用設備等

＊消防用設備等は，消防法第17条　第1項・第2項に基づいて政令で定める技術上の基準に従って設置され維持されます。

＊特殊消防用設備等は，消防法第17条　第3項に基づいて，設備等設置維持計画に従って設置され維持されます。

（消防用設備等と特殊消防用設備等の法令の適用根拠に注意！）

# (10) 新基準に対する措置 (消法17条の2の5，消令34条)

　消防用の設備等は，技術上の基準等が改訂された際には，新基準に適合させるための改修・変更等をすることが原則であるが，既存の消防用の設備等が新基準に適合しない場合は，「適用除外の特例」により，従前の基準を適用するとされています。

## ❶ 新基準に適合させなくてよいもの

① 　既存の防火対象物に設置されている消防用の設備等
② 　現に新築・増築・改築等の工事中の防火対象物の消防用の設備等

## ❷ 新基準に適合させなければならないもの

### ≪消防用設備類≫

- 消火器，簡易消火用具　　・避難器具　　・漏電火災警報器
- 非常警報器具，非常警報設備　・誘導灯，誘導標識
- 自動火災報知設備（重要文化財等・特定防火対象物に設置のもの）
- ガス漏れ火災警報設備（特定防火対象物，温泉採取施設に設置のもの）

### ≪防火対象物≫

- 従前の規定に違反しているもの。
- **規定施行後**に床面積の合計が**1000 m²以上**，主要構造壁又は床面積の合計が**2分の1以上**の増築・改築，大規模修繕をするもの。
- **特定防火対象物**であるもの。（用途変更は，変更後の用途が対象）

## 問題 29

　消防用設備等の技術上の基準に関する規定が新たに施行又は適用される際の措置について，誤っているものはどれか。

(1) 既存の防火対象物に設置された消防用設備等が，新たな規定に適合しなくなった場合は，従前の規定を適用するものとする。

(2) 新築，改築等の工事中の防火対象物の消防用設備等が，新基準に適合しなくなった場合は，従前の規定を適用するものとする。

(3) 既存の防火対象物に設置された避難器具は，適用除外の特例により，従前の規定が適用される。

(4) 新基準の施行後に，床面積の合計が1000 m²以上の改築をするものは，新たな基準に適合させなければならない。

〈解説〉

　消防用の設備等は，技術上の基準等が改訂された際には，新基準に適合させることが原則であるが，「適用除外の特例」により，①**従前の基準を適用するもの**と②**新基準に適合させなければならないもの**があります。

　(3)の**避難器具**は，**特例の適用が受けられない設備**です。　　　　　解答　(3)

# 11 検定制度 (消法21条の２，消令37条)

　消防用の一定の機械器具・設備，消火薬剤等は，火災予防，消火，又は人命救助等に重大な影響を及ぼすことから，国において検定を行ないます。

## ❶ 型式承認
- 検定対象機械器具等の型式に係わる形状等が総務省令で定める技術上の規格に適合している旨の承認をいいます。
- 「**総務大臣**」が承認を行ないます。

## ❷ 型式適合検定
- 型式承認を受けた型式に係わる形状等に適合しているかどうかを総務省令で定める方法によって行なう検定をいいます。
- 「**日本消防検定協会**」又は「**登録検定機関**」が行ないます。

　**型式適合検定に合格**したものには，「**合格証**」が付されます。

　検定対象機械器具等で**合格表示が無いもの**は**販売**し，又は販売の目的で**陳列**してはならない。また，設置・修理等の**工事**にも使用できません。

## ＜合格証の例＞

└─ 10 mm ─┘
・消火器
・金属製避難はしご
・火災報知設備の
　感知器，発信機，
　中継器，受信機

└─ 12 mm ─┘
・緩降機

└─ 15 mm ─┘
・消火器用消火薬剤
・泡消火薬剤

└─ 3 mm ─┘
・閉鎖型スプリン
　クラーヘッド

└─ 8 mm ─┘
・流水検知装置
・一斉開放弁
・住宅用防災警報器

## ＜検定が定められているもの＞

- 消火器・消火器用消火薬剤（$CO_2$を除く）
- 泡消火薬剤（水溶性液体用を除く）
- 閉鎖型スプリンクラーヘッド
- 一斉開放弁（スプリンクラー用，内径300 mm 以内のもの）
- 流水検知装置（スプリンクラー　水噴霧　泡消火設備に使用するもの）
- 自動火災報知設備の(感知器　発信機　中継器　受信機)
- ガス漏れ火災警報設備の(中継器　受信機)
- 金属製避難はしご　・緩降機　・住宅用防災警報器

# 検定対象以外の機械器具等　（消法21条の16の2，消令41条）

検定対象機械器具等以外のものであっても，火災予防・警戒・消火・人命救助等に重大な影響のあるものは，一定の技術基準が定められています。

技術基準等にてらして「自己認証」「品質評価」「認定」「性能評定」の区分により評価が行なわれます。

## 【1】自己認証（自主表示対象機械器具等）

自主表示対象機械器具等の**製造業者・輸入業者**は，その**形状等**を総務省令で定める方法で検査をし，**技術上の規格**に適合している場合には，その旨の表示をすることができます。（検査記録の作製・保存の義務があります）

**[技術上の規格を定める省令]** … **規格省令**といいます。

・動力消防ポンプの技術上の規格を定める省令

・消防用ホースの技術上の規格を定める省令　　等

※上記のほか，自主表示対象機械器具等のすべてに規格省令があります。

**【自主表示対象機械器具】** … 自主表示が認められているもの。

- ・動力消防ポンプ　・消防用吸管　　・消防用吸管のねじ式結合金具
- ・消防用ホース　　・消防用ホースの差込式又はねじ式結合金具
- ・漏電火災警報器　・エアゾール式簡易消火具

**【表示の例】**

<動力消防ポンプ>　　<消防用吸管>　　　<消防用ホース>

## 【2】品質評価

製造者等の依頼により，検定対象品以外の消防用機器等について，省令・告示・通知等の技術上の基準に，その構造・性能等が適合しているか否かの判定をします。この評価は，**日本消防検定協会**が行なっています。

**【対象の消防機器類の例】**

- ・中継装置　　　・住宅用スプリンクラー設備　・消火器用指示圧力計
- ・消防用接続器具　・消火設備用消火薬剤　　　・ホースレイヤー　等

【合格表示の例】… 機種別に表示の様式が決まっています。

## 【3】 認 定

　消防庁長官が定める**告示基準**があるものについて，消防用設備等又は機械器具等に係わる技術上の基準に適合しているか否かを判定し，適合しているものにその旨の表示を行なう制度です。

　**日本消防検定協会**及び登録認定機関である**日本消防設備安全センター**が認定業務を行なっています。

### 【対象の消防機器類の例】

- ・パッケージ型消火設備　　・パッケージ型自動消火設備
- ・自動火災報知設備の地区音響装置　　・特定駐車場用泡消火設備
- ・ポンプを用いる加圧送水装置　　・救助袋　　・総合操作盤　等

### 【認定表示の例】

日本消防検定協会の認定表示

日本消防設備安全センター
の認定表示

## 【4】 性能評定

　特に技術上の基準の定めのないものについて，一定以上の性能を有するか否かの評定を行う制度で，日本消防設備安全センターにおいて，学識経験者による**性能評定委員会**がその判定を行なっています。

　また，日本消防検定協会では「特定機器評価」において，同様の性能の評価を行なっています。

## 問題 30

消防用機械器具等の検定に関する記述のうち，誤っているものはどれか。

(1) 型式承認とは，検定対象機械器具等の型式に係わる形状，構造，材質，成分及び性能が総務省令で定める技術上の基準に適合している旨の総務大臣が行なう承認をいう。

(2) 型式適合検定とは，個々の検定対象機械器具等が型式承認と同一であるか否かについて行なう検定をいい，日本消防検定協会又は登録検定機関が行う。

(3) 型式適合検定に合格したものには合格証が付されるが，合格証のないものは販売してはならず，販売目的での陳列もできない。

(4) 型式承認の印があるものについては，型式適合検定の届出をすることにより，当該器具を工事に限り使用することができる。

〈解説〉

消防用の一定の機械器具・設備，消火薬剤等は，火災予防，消火，又は人命救助等に重大な影響を及ぼすことから，国において検定を行ないます。

① **型式承認** … 「**総務大臣**」が承認を行ないます。

② **型式適合検定** … **日本消防検定協会**又は**登録検定機関**が行ないます。

**型式適合検定に合格**したものには**合格証**が付されます。

検定対象機械器具等で**合格表示が無いもの**は**販売**し，又は販売の目的で**陳列**してはならない。また，設置・修理等の**工事**にも使用できません。

したがって，(4)が誤りとなります。 | 解答 (4) |

3-1
消防関係法令 共通法令

次に掲げる消防用機械器具等のうち，検定の対象とされていないものはどれか。

(1) 消 火 器
(2) 火災報知設備の中継器
(3) 住宅用防災警報器
(4) 開放型スプリンクラーヘッド

〈解説〉

　住宅用防災警報器は，寝室・階段などの壁や天井に設置し，住宅火災による人的被害の予防のために設置される**感知器**と**警報器**が一体のものです。

　(4)の**スプリンクラーヘッド**には閉鎖型と開放型の2種類があり，閉鎖型ヘッドは検定対象ですが，開放型ヘッドは検定の対象外です。 | 解答 (4)

消防の用に供する機械器具等についての記述のうち，正しくないものはどれか。

(1) 船舶安全法に基づく検査又は試験に合格した消火器であっても消防法で定める検定を受けなければならない。
(2) 検定制度の他に消防用の機械器具等を用いるにあたり，技術基準等にてらし自主表示，認定，性能評定などの評価が行なわれる。
(3) 型式承認を受けようとする者は，あらかじめ，日本消防検定協会又は登録検定機関の行なう検定対象機械器具等についての試験を受けなければならない。
(4) 検定対象機械器具等以外のものであっても，火災予防，人命救助等に重大な影響のあるものは一定基準以上のものを使用することが定められている。

〈解説〉

　総務大臣の承認を得て輸出されるもの，船舶安全法，航空法に基づく検査もしくは試験に合格したものは検定から除外されます。

　検定対象以外のものであっても，一定基準以上のものの使用が認められています。 | 解答 (1)

# 12 消防設備士 （消法17条の5，消令36条の2，消則33条の2）

　消防用設備等又は特殊消防用設備等の工事又は整備を行なうには，消防設備士の免状が必要となります。

　消防設備士免状は，消防設備士試験に合格した者に対し，**試験を実施した都道府県知事が交付します。いずれの都道府県でも免状は有効**です。

## （1）免状の種類と業務

| 甲種消防設備士 | 特類・第1類〜5類 | 該当する類の設備の**工事・整備・点検** |
|---|---|---|
| 乙種消防設備士 | 第1類〜7類 | 該当する類の設備の … **・整備・点検** |

## （2）免状の手続き

| 交　付 | 免状の交付申請<br>・試験の合格を証する書類を添付する。 | ＜都道府県知事＞<br>**合格地** |
|---|---|---|
| 書換え | **記載事項の変更**（氏名・本籍の変更）<br>・遅滞なく申請する。<br>**貼付した写真が10年を経過した**とき | ＜都道府県知事＞<br>**居住地**　又は<br>**勤務地・交付地** |
| 再交付 | **亡失・滅失した**とき<br>・亡失した免状を発見した場合は，10日以<br>　内に亡失した免状を提出する。<br>**汚損・破損した**とき<br>・当該免状を添えて申請する。 | ＜都道府県知事＞<br>**交付地**　又は<br>**書換え地** |

## （3）消防設備士の3大義務

① **誠実業務実施義務**：消防設備士は，その**業務を誠実に行ない**，工事整備
　　　　　　　　　　　　対象設備等の**質の向上**に努めなければならない。

② **免状の携帯義務**：**業務に従事する時**は**免状を携帯**しなければならない。

③ **法定講習の受講義務**：都道府県知事が行なう消防用設備等の工事又は整
　　　　　　　　　　　　備に関する**講習を受講**しなければならない。

- 免状の交付日以後の最初の4月1日から2年以内，その後は，法定講習を受けた日以後の最初の4月1日から5年以内ごとに受講しなければならない。
- 法定講習は，①特殊消防用設備，②消火設備，③警報設備，④避難設備・消火器，の4区分で行なわれます。
- 法定講習は，消防設備士免状の保有者全員に受講義務があります。

## （4）消防設備士の業務

　消防設備士免状のない者は，消防用設備等又は特殊消防用設備等の工事又は整備を行なうことができません。

## （5）消防設備士でなくても行なえる工事・整備

⑴　**電源・水源・配管**に関する工事 … 1類の設備，特類の定められた設備
⑵　**電源工事** … 2類・3類・4類の設備
⑶　**表示灯の交換**その他総務省令で定める**軽微な整備**は行なえます。
  - 消火栓のホース・ノズルの交換
    ヒューズ類・ねじ類などの部品の交換
  - 消火栓箱・ホース格納箱の補修，その他これらに類するもの

## （6）設備類の区分と業務範囲

| 区分 | 消防設備士に限定されるもの | 指定のないもの |
|---|---|---|
| 特　類 | 特殊消防用設備等 | |
| 第1類 | 屋内消火栓設備，屋外消火栓設備，水噴霧消火設備，スプリンクラー設備，パッケージ型消火設備，パッケージ型自動消火設備，共同住宅用スプリンクラー設備 | ＊電源工事・水源工事　配管工事　・動力消防ポンプ設備 |
| 第2類 | 泡消火設備，パッケージ型消火設備，パッケージ型自動消火設備，特定駐車場用泡消火設備 | ＊電源工事 |
| 第3類 | 不活性ガス消火設備，ハロゲン化物消火設備，粉末消火設備，パッケージ型消火設備，パッケージ型自動消火設備 | ＊電源工事 |
| 第4類 | 自動火災報知設備，ガス漏れ火災警報設備，消防機関へ通報する火災報知設備，共同住宅用自動火災報知設備，住戸用自動火災報知設備，特定小規模施設用自動火災報知設備，複合型居住施設用自動火災報知設備 | ＊電源工事　・非常警報器具・設備　・誘導灯・誘導標識 |
| 第5類 | 金属製避難はしご，救助袋，緩降機 | ・避難橋・すべり台 他 |
| 第6類 | 消火器　　　　　　　　　　［整備のみ］ | ・簡易消火用具 |
| 第7類 | 漏電火災警報器　　　　　　［整備のみ］ | ・非常警報器具・設備 |

| | | |
|---|---|---|
| 消防用水 | | ・防火水槽，貯水池　・その他の用水 |
| 消火活動上必要な施設 | | ・連結送水管，排煙設備　連結散水設備　非常コンセント設備　無線通信補助設備 |

## 問題 33

**消防設備士免状について，誤っているものはどれか。**

(1)　消防設備士免状は，住所地の都道府県知事が交付する。

(2)　消防設備士免状は，いずれの都道府県でも有効である。

(3)　免状を亡失又は滅失したときは，再交付の申請ができる。

(4)　免状に貼付した写真が10年を経過したとき，記載事項に変更が生じたときは，書換えの手続きをしなければならない。

〈解説〉　　　　　　　　　　　　　　　　　　　　P223 参照

(1)　消防設備士免状は，**試験を実施した都道府県知事**が交付します。

(2)　消防設備士免状は交付地に関係なく，**いずれの都道府県でも有効**です。

(3)　免状を亡失・滅失・汚損・破損した時は，再交付の**申請ができます**。
亡失により再発行を受けた後に，亡失した免状が見つかったときは，それを**10日以内に再交付した知事に提出**しなければなりません。

(4)　免状の**記載事項に変更**が生じたときは，**書換えの手続きが必要**です。
［書換え申請］は，居住地・勤務地・交付地，いずれの都道府県知事でも構いません。

したがって，(1)が誤りとなります。　　　　　　　　　| 解答　(1) |

## 問題 34

**消防設備士の義務について，誤っているものはどれか。**

(1)　消防設備士は，その業務を誠実に行ない，工事整備対象設備等の質の向上に努めなければならない。

(2)　消防設備士は，あらかじめ予測できない事故に備えて，常に免状を携帯しなければならない。

(3)　消防設備士は，都道府県知事が行う工事整備対象設備等に関する講習を受講しなければならない。

(4)　工事整備対象設備等に関する講習は，①特殊消防用設備，②消火設備，③警報設備，④避難設備・消火器の４区分で行なわれる。

〈解説〉  P223 参照
消防設備士の重要な義務違反は免状の返納命令の対象となります。

(1)：○　消防設備士の**誠実業務実施義務**について述べています。

(2)：×　**免状の携帯義務**であるが，**業務に従事する時に免状を携帯**しなければならない規定であり，常時携帯する必要はありません。

(3)：○　**講習の受講義務**は，消防設備士免状の保有者全員が対象です。この講習は免状を管轄する**都道府県知事**が行ないます。

(4)：○　法定講習は，①〜④の 4 種類の区分で行ないます。

したがって，(2)が誤りとなります。　　　　　　　　　　　　| 解答　(2) |

❏ 法定講習の受講は，免状の交付日以後の最初の 4 月 1 日から 2 年以内，その後は，法定講習を受けた日以後の最初の 4 月 1 日から 5 年以内ごとに受講することが定められています。

❏ 法定講習は，免状の交付地に関係なく受講することができます。

# 問題 35

　消防設備士でない者が行なった次の行為のうち，適切でないものはどれか。

(1)　屋内消火栓のホースを交換した。
(2)　消防用ポンプの圧力計を交換した。
(3)　消防用設備類等の表示灯の交換をした。
(4)　屋内消火栓の電源と水源の工事をした。

〈解説〉 P224 参照
**消防設備士でなくても行なえる工事・整備**には，次のものがあります。

・**電源・水源・配管に関する工事** … 1 類の設備，特類の定められた設備
・**電源工事** … 2 類・3 類・4 類の設備
・**表示灯の交換**その他総務省令で定める**軽微な整備**は行なえます。
　▸ 消火栓のホース・ノズルの交換，ヒューズ類・ねじ類等の交換
　▸ 消火栓箱・ホース格納箱の補修，その他これらに類するもの

(2)：×　圧力計は設備の一部で無資格者は整備できません。　| 解答　(2) |

# 問題 36

義務設置の消防用設備等の変更工事において，消防設備士でなくても行えるものはどれか。

- (1) 泡消火設備の配管部分
- (2) 粉末消火設備の配管部分
- (3) スプリンクラー設備の配管部分
- (4) ハロゲン化物消火設備の配管部分

〈解説〉　　　　　　　　　　　　　　　　　　　　☞P224 参照

変更工事，設置工事いずれも消防設備士の業務の工事にあたります。

P224（6）設備類の区分と業務範囲から，(3)が正解となります。　解答　(3)

# 問題 37

消防設備士に係わる記述のうち，不適切なものはどれか。

- (1) 消防設備士免状の記載事項に変更が生じたので，勤務先の都道府県知事に変更のための申請をした。
- (2) 消防設備士の資格を有する者であっても，消防の用に供する設備等の工事及び整備を行うことについて制限がある。
- (3) 消防設備士の誠実業務実施義務，就業時の免状携帯義務，法定講習の受講義務，これらの違反は免状の返納命令の対象となる。
- (4) 義務設置の消防設備を，消防設備士の資格を有する者が立ち会い，資格者の指示により，資格のない者が消防設備の点検をした。

〈解説〉

- (1) ○：書換え手続きは居住地・勤務地・交付地のいずれでもできます。
- (2) ○：安全性確保のため，電源・水源・配管工事などは専門的知識を有する者に認められています。
- (3) ○：三大義務の義務違反は，免状の返納命令の対象となります。
- (4) ×：資格者が直接点検をする必要があります。ただし，点検のための補助者を使用することは可能です。　解答　(4)

# 問題 38

　消防法施行令第36条の4に定める，消防設備士免状の記載事項に該当しないものは，次のうちどれか。

(1)　免状の交付年月日　　　　(2)　住所又は居所

(3)　氏名及び生年月日　　　　(4)　免状の種類

〈解説〉

**免状の記載事項**には次のようなものがあります。

・免状の交付年月日及び交付番号　・氏名及び生年月日　・免状の種類

・本籍地の属する都道府県　・過去10年以内に撮影した写真

　免状は都道府県知事の主管であり，住所は関係ありません。　　　| 解答　(2) |

# 問題 39

　消防設備士の法令等の違反に対する措置について，誤っているものはどれか。

(1)　違反事項は，消防設備士違反処理台帳で管理が行なわれる。

(2)　違反に対する措置点数は，基礎点数に事故点数が加算される。

(3)　免状返納命令の前段的な行政指導として，消防機関から違反者に対して違反事項通知書が送達される。

(4)　措置点数が30点以上に達すると都道府県知事が聴聞を行ない，免状返納命令又は厳重注意命令が決定される。

〈解説〉

　違反に対しては**消防設備士違反処理台帳**で管理が行なわれています。

　**措置点数**（違反点数）が**20点以上**に達すると，都道府県知事が**聴聞**を行い，**免状返納命令**又は**厳重注意命令**が決定されます。

　**措置点数 ＝（基礎点数＋事故点数）**となります。　　　| 解答　(4) |

## 第2章
## 類別 2類

---**学習のポイント**---

＊**消防関係法令・類別**は，泡消火設備の**設置基準**がテーマの部分です。設置基準には数値が出てきますが，特に重要な数値は**色文字**にしてあります。必ず把握してください。

＊次の項目については繰り返し確認をする必要があります。
・防火対象物の設置基準・泡ヘッドの基準・標準放射量
・放出方式・冠泡体積・防護面積・泡ヘッド別の水源水量

＊問題練習を通して設置基準の確認を重ねてください。

# 1 設置基準 （消令第13条，第15条，消則第18条）

## 1 泡消火設備の基準

泡消火設備の設置対象物，危険物等の設置対象物の概要を以下の表で示します。

| 防火対象物又は部分 | 設置基準 （床面積） | | 泡消火設備 |
|---|---|---|---|
| 飛行機又は回転翼航空機の格納庫 | （面積に係わらず設置する） | | ○ |
| 屋上の回転翼航空機・垂直離着陸航空機の発着場 | （面積に係わらず設置する） | | ○ |
| 道路の用に供される部分 | ・屋上部分<br>・その他の部分 | 600 m$^2$以上<br>400 m$^2$以上 | ○ |
| 自動車の修理・整備用の部分 | ・地階・2階以上<br>・1階 | 200 m$^2$以上<br>500 m$^2$以上 | ○ |
| 駐 車 場 | ・屋上<br>・地階・2階以上<br>・1階 | 300 m$^2$以上<br>200 m$^2$以上<br>500 m$^2$以上 | ○ |
| 昇降機など機械装置による駐車場 | ・駐車台数10台以上 | | ○ |
| 指定可燃物を貯蔵・取扱う建築物・工作物等<br><br>危険物政令別表第四で定める数量の1000倍以上貯蔵し，又は取り扱うもの。 | 危険物政令別表第四に掲げる綿花類，木毛，かんなくず，ぼろ，紙くず，糸類，わら類，（動植物油のしみた布・紙類は除く）再生資源燃料，合成樹脂類，燃焼性ゴム類 | | ○ |
| | 危険物政令別表第四に掲げる動植物油がしみこんだ布，紙類，又は石炭，木炭類 | | |
| | 危険物政令別表第四に掲げる可燃性固体類，可燃性液体類又は合成樹脂類（一部除外規定有り） | | |
| | 危険物政令別表第四に掲げる木材加工品及び木くずに関するもの | | |
| 政令別表第一に掲げる防火対象物の**発電機，変圧器**その他これらに類する電気設備が設置されている部分で，**床面積が200 m$^2$以上**のもの。 | | | × |
| 政令別表第一に掲げる防火対象物の**鍛造場，ボイラー室，乾燥室**その他多量の火気を使用する部分で，**床面積が200 m$^2$以上**のもの。 | | | × |
| 政令別表第一に掲げる防火対象物の**通信機器室**で，**床面積が500 m$^2$以上**のもの。 | | | × |

## 泡消火設備と危険物

（危政令第20条, 危政令別表第5）

| 危険物施設・危険物 | 泡消火設備 |
|---|:---:|
| 建築物その他の工作物 | ○ |
| 電気設備 | × |
| 第1類の危険物<br>（アルカリ金属の過酸化物又はこれを含有するものを除く） | ○ |
| 第2類の危険物<br>（鉄粉, 金属粉若しくはマグネシウム又はこれらのいずれかを含有するものを除く） | ○ |
| 第3類の危険物　禁水性物品を除く | ○ |
| 第4類の危険物（引火性液体）<br>　　特殊引火物　　（ジエチルエーテル, 二硫化炭素等）<br>　　第一石油類　　（ガソリン, ベンゼン, アセトン等）<br>　　アルコール類　（メチルアルコール, エチルアルコール）<br>　　第二石油類　　（灯油, 軽油, 酢酸等）<br>　　第三石油類　　（重油, ニトロベンゼン, グリセリン等）<br>　　第四石油類　　（ギヤー油, シリンダー油, モーター油）<br>　　動植物油類　　（菜種油, オリーブ油, パーム油等） | ○ |
| 第5類の危険物 | ○ |
| 第6類の危険物 | ○ |

## 危険物関係の消火設備

| 消火設備の区分 | |
|---|---|
| 第1種　消火設備 | ・屋内消火栓設備　・屋外消火栓設備 |
| 第2種　消火設備 | ・スプリンクラー設備 |
| 第3種　消火設備 | ・**泡消火設備**<br>・水蒸気消火設備　・水噴霧消火設備<br>・不活性ガス消火設備<br>・ハロゲン化物消火設備<br>・粉末消火設備 |
| 第4種　消火設備 | ・大型消火器 |
| 第5種　消火設備 | ・小型消火器　・簡易消火器具 |

# 2 泡ヘッドの基準

（消則第18条）

【泡ヘッドの設置基準】… 防火対象物，又は天井・小屋裏に設置する。

| フォームウォーター<br>　　スプリンクラーヘッド | 床面積　8 m²につき　1 個以上 |
|---|---|
| フォームヘッド | 床面積　9 m²につき　1 個以上 |

## 【適応するヘッドの種類】

| 防火対象物又はその部分 | ヘッドの種類 |
|---|---|
| ・飛行機又は回転翼航空機の格納庫<br>・屋上の回転翼航空機，<br>　垂直離着陸航空機の離発着場 | フォームウォーター<br>　　スプリンクラーヘッド |
| ・道路の用に供される部分<br>・自動車の修理，整備用の部分<br>・駐 車 場 | フォームヘッド |
| ・指定可燃物の貯蔵，取扱う場所 | フォームヘッド　又は<br>フォームウォーター<br>　　スプリンクラーヘッド |

## 【標準放射量】

□ **フォームウォータースプリンクラーヘッド**　　1 個当り **75 L/分** 以上

□ **フォームヘッド** …「下表による量」　以上の量

| 防火対象物又はその部分 | 泡消火薬剤の種別 | 床面積 1 m²当りの放射量 |
|---|---|---|
| ・道 路<br>・自動車の修理，整備<br>・駐 車<br>（上記の用に供される部分） | たん白泡 | 6.5 L/分 |
| | 合成界面活性剤泡 | 8.0 L/分 |
| | 水成膜泡 | 3.7 L/分 |
| ・指定可燃物の貯蔵，取扱う<br>　防火対象物又はその部分 | たん白泡<br>合成界面活性剤泡<br>水成膜泡 | 6.5 L/分 |

※フォームヘッドは，消火薬剤の種類により標準放射量が異なるので注意！

## 【ヘッドの設置間隔】

- 有効半径 $r$（水平距離）で配置し，死角の出ないようにする。
- フォームヘッドを使用する場合，$r$ を2.1 m とする場合が多い。

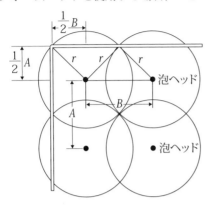

二等辺三角形の底辺

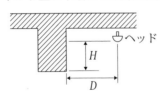

◇泡ヘッドの設置間隔は，下表に示す値以下とする。

| 配置の形状<br>ヘッドの種類　　　　間隔 | 正方形配置<br>ヘッド間隔 | 矩形配置<br>ヘッド間隔 | 対角線長 | 千鳥型配置<br>基準上の<br>ヘッド間隔 |
|---|---|---|---|---|
| フォームウォーター<br>　　　スプリンクラーヘッド | 2.82 m | 3.16 m | 4.0 m | 3.16 m |
| フォームヘッド | 3.00 m | 3.36 m | 4.24 m | 3.36 m |

◇はり，下がり壁の下端より上方に泡ヘッドを設ける場合は次による。

| $D$ cm | $H$ cm |
|---|---|
| 75未満 | 0 |
| 75以上 | 10未満 |
| 100以上 | 15未満 |
| 150以上 | 30未満 |

◇ダクト・照明・吹出口・配管等，ヘッドからの泡障害となるものがある場合
- ヘッドから横方向に30 cm 以上離した位置に設置する。
- ヘッドを，障害となるものの下端に設ける。

◇放射区画が隣合わせの場合でも，オーバーラップをさせなくてよい。

◇フォームヘッドは，取り付け高さの許容範囲内に取り付ける。
なお，許容範囲以下に取り付ける場合は，放射角度に注意する。

# 練習問題にチャレンジ！  　設置基準

## 問題 40

　次の防火対象物のうち，面積に関係なく泡消火設備を設置しなければならないものはどれか。

(1)　駐 車 場
(2)　道路の用に供される部分
(3)　自動車の修理，整備用部分
(4)　飛行機又は回転翼航空機の格納庫

〈解説〉　　　　　　　　　　　　　　　　　　P230 参照

　飛行機又は回転翼航空機の格納庫，屋上の回転翼航空機・垂直離着陸航空機の発着場がこれに該当します。　　　　　　　　　　　解答　(4)

## 問題 41

　次の駐車場のうち，泡消火設備の設置義務がないものはどれか。ただし，駐車するすべての車両が同時に屋外に出ることができる構造の階を除く。

(1)　1 階部分の床面積が400 m$^2$のもの
(2)　2 階部分の床面積が300 m$^2$のもの
(3)　地階部分の床面積が200 m$^2$のもの
(4)　屋上部分の床面積が300 m$^2$のもの

〈解説〉　　　　　　　　　　　　　　　　　　P230 参照

　1 階は床面積500 m$^2$以上から設置義務が生じます。　　　　解答　(1)

# 問題 42

次の防火対象物又は部分のうち，泡消火設備が適応するものはどれか。

(1) 映画館の発電機室で，床面積が200 m²のもの

(2) 工場のボイラー室で，床面積が200 m²のもの

(3) 事務センターの通信機器室で，床面積が500 m²のもの

(4) タワーパーキングで，収容台数が10台のもの

〈解説〉  P230 参照

　タワーパーキングは泡消火設備が適応する防火対象物で，収容台数が10台以上から設置義務が生じます。 解答 (4)

# 問題 43

次の泡消火設備についての記述のうち，誤っているものはどれか。

(1) フォームヘッドは，床面積 9 m²につき 1 個以上の割合で設置する。

(2) フォームウォータースプリンクラーヘッドは，床面積 8 m²につき 1 個以上の割合で設置する。

(3) 指定可燃物の貯蔵所・取扱所にはフォームウォータースプリンクラーヘッド又はフォームヘッドが設置される。

(4) フォームウォータースプリンクラーヘッドの標準放射量は， 1 個当たり70 L/分以上である。

〈解説〉  P232 参照

　フォームウォータースプリンクラーヘッドの標準放射量は， 1 個当たり75 L/分以上と定められています。 解答 (4)

## 問題 44

次の防火対象物と泡放出口との組合せのうち，正しいものはどれか。

(1)　飛行機の格納庫　　…　フォームヘッド
(2)　駐 車 場　　　　　…　フォームウォータースプリンクラーヘッド
(3)　指定可燃物の貯蔵所　…　フォームヘッド
(4)　自動車の整備工場　…　フォームウォータースプリンクラーヘッド

〈解説〉　　　　　　　　　　　　　　　　　☞ P232 参照

　飛行機やヘリコプター等，高所に設置して防護するものはフォームウォータースプリンクラーヘッド，駐車場や自動車の修理・整備等低所に設置する場合はフォームヘッド，というように区分する覚え方もあります。

　指定可燃物の貯蔵又は取扱う場所については，フォームヘッド又はフォームウォータースプリンクラーヘッドのいずれでも可です。

解答　(3)

## 問題 45

フォームヘッドを用いる駐車場における標準放射量を算出する際の泡消火薬剤の種別に応じた放射量として正しいものはどれか。

ただし，泡消火薬剤の放射量は，床面積 1 m$^2$当たりの放射量とする。

(1)　たん白泡　　　　…　6.5 L/分
(2)　合成界面活性剤泡　…　7.0 L/分
(3)　水成膜泡　　　　…　4.3 L/分
(4)　水溶性液体用泡　…　5.0 L/分

〈解説〉　　　　　　　　　　　　　　　　　☞ P232 参照

　フォームウォータースプリンクラーヘッドの標準放射量は，75 L/分と定まっていますが，フォームヘッドの場合は，使用する泡消火薬剤の種別により放出量に違いがあるため，それぞれ異なります。

　後述する「水源水量」の算出にも必要な数値ですので，(1)(2)(3)の泡消火薬剤の正しい放出量は確実に把握してください。

解答　(1)

# 2 放出方式 （消則第18条）

## 1 全域放出方式

全域放出方式は，**区画された部分**（室など）**全体に泡を放出**し，防護対象物を**泡で覆って消火**する方式です。

高発泡用の泡放出口を用いる全域放出方式において，消火のために**泡で覆う部分**を**冠泡体積**といい，この体積が泡を放出する際の基準となります。

- 冠泡体積は，床面等から**防護対象物より０.５m高い位置**までの体積をいう。

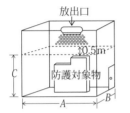

冠泡体積 ＝ $A \times B \times C$ 〔㎥〕

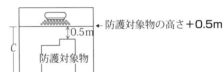

←防護対象物の高さ＋0.5m

高発泡用の泡放出口を用いる全域放出方式の場合は，防護区画の開口部には自動閉鎖装置を設ける。（開口部から漏れる量を追加できる場合は除く）

### 【泡水溶液の放出量】

| 防火対象物又はその部分 | 膨張比 | 1 m³当たりの泡水溶液放出量 |
|---|---|---|
| 飛行機又は回転翼航空機の格納庫 | 第1種 | 2.00 L/分以上 |
| | 第2種 | 0.50 L/分以上 |
| | 第3種 | 0.29 L/分以上 |
| 自動車の修理・整備用の部分 駐車場 | 第1種 | 1.11 L/分以上 |
| | 第2種 | 0.28 L/分以上 |
| | 第3種 | 0.16 L/分以上 |
| 動植物油のしみ込んだ ぼろ・紙くず・可燃性固体類，可燃性液体類の貯蔵・取扱う防火対象物又はその部分 | 第1種 | 1.25 L/分以上 |
| | 第2種 | 0.31 L/分以上 |
| | 第3種 | 0.18 L/分以上 |
| 上記を除く指定可燃物の貯蔵・取扱う防火対象物又はその部分 | 第1種 | 1.25 L/分以上 |

- 泡放出口は，防護区画の床面積500 m²ごとに1個以上を有効に設置する。
- 泡放出口は，防護対象物の最高位より上部の位置に設ける。

  ただし，泡を押し上げる能力を持つ場合は，適切な高さとする。
- 床上5 mを超える高さに高発泡用泡放出口を用いる場合は，全域放出方式とする。
- 手動起動を原則とする。

# 局所放出方式

　防護対象物の周囲に区画の壁等がない場合又は**大きな区画に複数の防護対象物がある**などの場合に，局所放出方式が採用されます。

　防護対象物が相互に隣接する場合で，かつ，延焼のおそれのある範囲内の防護対象物を１つの防護対象物として泡放出口を設置します。

　局所放出方式は，特定の防護対象物を対象として泡放出口が設置されます。**防護対象物及びその周囲の面積**を防護面積と呼び，その面積が泡を放出する際の基準となります。

## ① 周囲が解放されている場合の「防護面積」

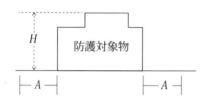

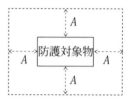

（上から見た図）

　$A$：３$H$又は１mのいずれか大きい方
　$H$：防護対象物の最も高い位置

防護面積
（点線で囲まれた全体の面積）

## ② 周囲に壁などがある場合の「防護面積」

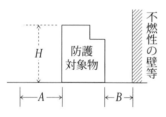

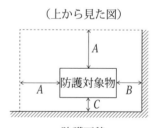

（上から見た図）

　$A$：３$H$又は１mのいずれか大きい方
　$H$：防護対象物の最も高い位置

防護面積
（点線で囲まれた全体の面積）

※防護対象物の最高位より高い不燃性の壁等がある場合，$B$又は$C$は$A$より短くてよい。（実際の距離）

※$A$の距離を超えた位置に壁等がある場合は，壁等は無いものとして計算する。

## 【泡水溶液の放出量】

| 防護対象物 | 防護面積 1 m²当たりの放出量 |
|---|---|
| 指定可燃物 | 3　L/分 |
| その他のもの | 2　L/分 |

# ③ 移 動 式

　移動式の泡消火設備は，火災時に煙が充満するおそれの無い場所に設置できます。

　移動式泡消火設備の放出口は，防護対象物の各部分から15 m 以下となるように設けます。

　（危険物施設：屋内のものは水平距離で25 m 以下，屋外のものは水平距離で40 m 以下）

　移動式の放射用具格納箱は，ホース接続口から 3 m 以内に設けます。

　ホースは「消防用ゴム引きホース」とし，口径は呼称40 A 又は50 A，長さは20 m 以上のものを用います。

## 【放 射 量】… 防火対象物に応じた，次の放射量とする。

| 防 火 対 象 物 | ノズル 1 個当たりの放射量 |
|---|---|
| 道路，自動車の修理・整備，又は駐車の用に供される部分 | 100　L/分 |
| その他のもの | 200　L/分 |

## 問題 46

　泡消火設備の放出方式についての記述のうち，誤っているものはどれか。

　(1)　移動式の泡消火設備は，火災時に煙が充満するおそれの無い場所に設置できる。

　(2)　区画された部分や室などの全体に泡を放出し，防護対象物を泡で覆って消火する方式が全域放出方式である。

　(3)　防護対象物が相互に隣接し延焼のおそれのある範囲内にある場合は，それぞれ別の防護対象物として泡放出口を設置する。

　(4)　防護対象物の周囲に区画の壁等がない場合又は大きな区画に複数の防護対象物がある等の場合に，局所放出方式が採用される。

〈解説〉　　　　　　　　　　　　　　　　　　P237 参照

　防護対象物が相互に隣接する場合で，かつ，延焼のおそれのある範囲内の防護対象物を１つの防護対象物として泡放出口を設置します。　　　　| 解答　(3) |

## 問題 47

　移動式泡消火設備の設置および維持に関する技術上の基準として，誤っているものはどれか。

　(1)　移動式泡消火設備に用いるホースは消防用ゴム引きホースとし長さ15 m 以上のものを用いる。

　(2)　放射用具格納箱は，ホース接続口から 3 m 以内の位置に設ける。

　(3)　泡消火設備には，非常電源を附置すること。

　(4)　放出口は，防護対象物の各部分から 1 のホース接続口までの水平距離が15 m 以下となるように設けること。

〈解説〉　　　　　　　　　　　　　　　　　　P239 参照

　移動式泡消火設備に用いるホースは消防用ゴム引きホースとし，長さ20 m以上のものを用います。　　　　　　　　　　　　　　　| 解答　(1) |

泡消火設備は，当該設備の泡水溶液を作るのに必要な水量及び配管内を満たすのに必要な水量以上を，水源水量として確保しなければならない。

以下，**泡ヘッドの放射量・泡放出口の放出量**等の基準を確認しましょう。

## 【1】フォームウォータースプリンクラーヘッド を用いる設備

- 下表(A)の防火対象物は，床面積または屋上の面積の**3分の1以上の部分**に設置した泡ヘッドを同時に開放したときの**標準放射量**が基準となります。
- 下表(B)の防火対象物又はその部分は，床面積**50 m²の部分**に設置した泡ヘッドを同時に開放したときの**標準放射量**が基準となります。

| 防火対象物又はその部分 | 放射区域 |
|---|---|
| （A）飛行機・回転翼航空機の格納庫 屋上の回転翼航空機・垂直離着陸航空機の発着場 | 床面積又は屋上面積の3分の1以上の部分に設置されたヘッド数が基準となる。 |
| （B）指定可燃物を貯蔵・取扱う防火対象物又はその部分 | 床面積50 m²の部分に設置されたヘッド数が基準となる。 |
| ☆上記の水量のほかに，「配管を満たす量」以上の量が必要である。 | |

⇩

**水源水量** ＝ ヘッド数（規定区域内）× 75 L/分 × 10分＋配管を満たす量

← ヘッド数（規定区域内）→
← 泡水溶液放射量・標準放射量 →
← 必要泡水溶液量・水源水量 →

## ○ [水源水量]（必要泡水溶液量） 〔L〕（リットル）

＊上記より**ヘッド数（規定区域内）×75×10＋配管を満たす量**の**必要泡水溶液量**が [水源水量] となります。

＊[水源水量]を算出するための**下線を引いた各項目**は確実な把握が必要です。

## ○ [必要泡消火薬剤貯蔵量] 〔L〕（リットル）

＊泡消火設備の泡水溶液は，「泡消火薬剤」と「水」が混合したものです。

＊混合比3％の消火薬剤は，**消火薬剤3％**と**水97％**が混合した泡水溶液となる。（混合比6％型は，消火薬剤6％と水94％が混合した泡水溶液）

＊**必要泡消火薬剤量**は，当該設備の必要泡水溶液量に泡消火薬剤の混合比を乗ずれば求めることができる。また，その逆も算出が可能である。
（混合比の3％は**0.03**として，混合比の6％は**0.06**として計算する）

## 【2】フォームヘッド を用いる設備

| 道路の用に<br>供される部分 | 駐車の用に<br>供される部分 | 自動車の修理・<br>整備の部分 | 指定可燃物を貯蔵・<br>取扱う場所 |
|---|---|---|---|
| ◆床面積80 m² の区域に設置されている全てのヘッドを同時に気泡して10分間放射できる量 | ◆不燃材で造られた壁又は天井より0.4 m 以上突き出した［はり］等により区画された部分の床面積が最大となる区域に設置された全てのヘッドが10分間放射できる量<br>◆［はり］などがない場合は50 m² の区域が対象 | ◆床面積が最大となる放射区域に設置されている全てのヘッドが10分間放射できる量 | ◆床面積が最大となる放射区域に設置されている全てのヘッドが1 m² 当たり6.5 L の放射量で10分間放射できる量 |
| ヘッドの数× 9 m²×<br>　　6.5L/分（1 m²当たり）（たん白泡消火薬剤）<br>　　8.0L/分（1 m²当たり）（合成界面活性剤泡消火薬剤）<br>　　3.7L/分（1 m²当たり）（水成膜泡消火薬剤）<br>　　**×10分** | | | ヘッドの数× 9 m²<br>×6.5L ×10分<br>（各薬剤とも共通） |
| ☆上記の水量のほかに，「配管を満たす量」以上の量が必要である。 | | | |

⇩

**水源水量**＝ヘッド数（規定区域内）× 9 m²×泡薬剤別の放射量×10分＋配管を満たす量

　　　　←―――――最大床面積――――――→

　　　　←――――泡水溶液放射量・標準放射量―――→

　　　　←―――――必要泡水溶液量・水源水量――――――――→

○ **[水源水量]（必要泡水溶液量）**　〔L〕（リットル）

＊**ヘッド数（規定区域内）× 9 m²×泡薬剤別の放射量×10分＋配管を満たす量**
の**必要泡水溶液量**が **[水源水量]** となります。

　　▶ 不燃材料の壁又は天井面より0.4m 以上突き出したはり等により区画された部分の床面積が最大となる区域

＊[水源水量]を算出するための**下線を引いた各項目**は確実に把握すること。

○ **[必要泡消火薬剤貯蔵量]**　〔L〕（リットル）

＊**必要泡消火薬剤量**は，当該設備の必要泡水溶液量に泡消火薬剤の混合比を乗ずることにより求めることができる。（【1】に同じ）

## 【3】 高発泡用泡放出口 を用いる場合の水源水量

① **全域放出方式**：床面積が最大となる防護区画の「冠泡体積 1 $m^3$」につき下表の量，及び配管内を満たす量とする。
　　　　　　　　・防護区画の開口部に自動閉鎖装置を設けない場合は，開口部から漏れる量以上の量を加えた量とする。

| 泡放出口の種別 | 冠泡体積 1 $m^3$当たりの泡水溶液の量 |
|---|---|
| 第 1 種 | 0.040 $m^3$ |
| 第 2 種 | 0.013 $m^3$ |
| 第 3 種 | 0.008 $m^3$ |

② **局所放出方式**：床面積が最大となる放出区域の「防護面積 1 $m^2$」につき防護対象物に応じた量を20分間放出できる量及び配管内を満たす量とする。

| 防護対象物 | 防護面積 1 $m^2$当たりの放出量 |
|---|---|
| 指定可燃物 | 3 L/分 |
| その他のもの | 2 L/分 |

## 【4】 移動式泡消火設備 の水源水量

- ノズル **2 個**を同時に使用した場合に，防護対象物に応じた放射量で，15分間放射できる量と，配管内を満たす量とする。
- ホース接続口が 1 個の場合は，ノズル 1 個として算出する。

| 防 火 対 象 物 | ノズル 1 個当たりの放射量 |
|---|---|
| 道路，自動車の修理・整備，駐車の用に供される部分 | 100 L/分 |
| その他のもの | 200 L/分 |

### □ 危険物施設の移動式設備

- 屋内：200 L/分×30分×ノズル最大4個（4未満は実数）＋配管内充水量
- 屋外：400 L/分×30分×ノズル最大4個（4未満は実数）＋配管内充水量
- 放射圧力：0.35 MPa

## その他の設置基準

① 火災のとき著しく煙が充満するおそれのある場所に設置する設備は固定式とする。

② 道路の用に供される部分には固定式の泡消火設備を設ける。但し，屋上に設けるものはこの限りではない。（一般的には移動式が設置される）

③ 起動装置は「手動起動」を原則とする。
（常時人の居ない防火対象物，又は手動方式が不適当な場所を除き手動式とする）

④ 起動装置の操作部及びホース接続口には，直近の見易い箇所に起動操作部・ホース接続口である旨の標識を設ける。

⑤ 水源水量・泡消火剤貯蔵量は，防護対象物の火災を有効に消火できる量以上とする。

⑥ ポンプ吐出量は，泡放出口の設計圧力 又は ノズルの放射圧力の許容範囲で泡水溶液を放射することができる量以上の量とする。

⑦ 固定式泡消火設備の泡放出口は，防護対象物の火災を有効に消火できるよう，総務省令の定めにより必要な個数を適切に設ける。

⑧ フォームヘッドを用いる泡消火設備の 1 の放射区域面積
- 道路の用に供される部分 ：80 m$^2$以上～160 m$^2$以下
- その他の防火対象物・部分：50 m$^2$以上～100 m$^2$以下
- 危険物施設：100 m$^2$以上とする。（100 m$^2$未満は，表面積又は床面積）

⑨ 飛行機・回転翼航空機の格納庫の放射区域面積
- 当該床面積の 3 分の 1 以上で，200 m$^2$以上とする。（200 m$^2$未満床面積）

⑩ 手動起動装置を駐車場等に設ける場合は，放射区域ごとに 1 個を設ける。

⑪ 高発泡用泡放出口を用いる設備には，泡の放出を停止する装置を設ける。

⑫ 泡消火薬剤の貯蔵場所及び加圧送液装置は，点検に便利で火災の際の延焼のおそれ及び衝撃による損傷のおそれが少なく，かつ，薬剤が変質するおそれの無い所に設置する。（有効な防護対策を講じたときは除く）

⑬ 泡消火設備には非常電源を設ける。
- 泡消火設備を有効に30分以上作動できる容量とする。
- 危険物施設：予備動力源は，放射時間の1.5倍以上の時間，泡消火設備を有効に作動できる容量とする。

## 問題 48

泡消火設備の水源水量を算出する際に基準となる泡放出口からの放出時間が定められているが，フォームヘッドを用いる場合の基準となる放出時間は，次のうちどれか。

(1)　5分間　　　(2)　10分間　　　(3)　15分間　　　(4)　30分間

〈解説〉　　　　　　　　　　　　　　　　　　　　　P242 参照

　フォームヘッドを用いる場合の水源の水量として確保しなければならない量は，次の項目を勘案し合算した量以上となります。

| 水源水量 | ＝ ・放射区画のヘッド数× 9 m² |
|---|---|
| | ・各薬剤の放射量×10分 |
| | ・放射区画の配管を満たす量 |

解答　(2)

## 問題 49

フォームウォータースプリンクラーヘッドを用いる場合の記述について，誤っているものはどれか。

(1)　ヘッド1個当たりの標準放射量を基準に水源水量を算出する。

(2)　標準放射量はヘッド1個当たり75 L/分の量である。

(3)　指定可燃物を貯蔵又は取り扱う防火対象物は床面積50 m²の範囲に設置されたヘッドの数を基準に水源水量が算出される。

(4)　たん白泡消火剤を放出する場合は，たん白泡消火薬剤に応じた放出量6.5 L/分を基準に水源水量が算出される。

〈解説〉　　　　　　　　　　　　　　　　　　　　　P241 参照

　フォームウォータースプリンクラーヘッドの標準放射量は，**75 L/分**と定まっています。フォームヘッドを用いる場合のように泡消火薬剤の種別に応じた放出量を勘案する必要はありません。

解答　(4)

3-2
消防関係法令 類別
2類

# 問題 50

　泡消火設備の設置に関する記述について，次の空欄に入る泡消火設備として正しいものはどれか。

　「火災のとき著しく煙が充満するおそれのある場所には □ を設置してはならない。」

　　(1)　移動式の泡消火設備
　　(2)　固定式の泡消火設備
　　(3)　全域放出方式の泡消火設備
　　(4)　局所放出方式の泡消火設備

〈解説〉　　　　　　　　　　　　　　　　　　 P239 参照

　移動式泡消火設備は人が操作することが前提であることから，火災時に煙が充満するおそれのない場所に設置することが定められています。　解答　(1)

# 問題 51

　フォームヘッドを用いる泡消火設備の1の放射区域面積について，誤っているものはどれか。

　　(1)　道路の用に供される部分は80 m$^2$以上～160 m$^2$以下とする。
　　(2)　その他の防火対象物，部分は50 m$^2$以上～100 m$^2$以下とする。
　　(3)　自動車の修理，整備の部分は50 m$^2$以上～160 m$^2$以下とする。
　　(4)　危険物施設は100 m$^2$以上とする。
　　　　ただし，100 m$^2$未満の場合は，表面積又は床面積とする。

〈解説〉　　　　　　　　　　　　　　　　　　P244 参照

　**道路の用に供される部分**と**その他の防火対象物・部分**に区分されていますが，自動車の修理・整備の部分は**その他の防火対象物・部分**に該当します。

　なお，その他の部分（駐車場等）については100 m$^2$を超える場合は，実技の製図などでは放射区域を増やす必要がありますので注意ください。

解答　(3)

# 第❹編

# 実技試験について

## ━ 実技試験の要点 ━

　実技試験には，**鑑別等試験**と**製図試験**がありますが，いずれも筆記形式で行われます。

　**甲種消防設備士試験は鑑別等試験5問と製図試験2問，**
　**乙種消防設備士試験は鑑別等試験のみ5問**があります。

　実技試験の多くは，写真・イラスト・図面などを用いて筆記試験科目における**知識の理解度**を**総合的に確認**する問題が出されます。一部に選択問題がありますが，殆どは記述試験です。

　解答の際，知識に不確かな部分があるときは，当該箇所を再確認して確実な知識とすることが肝要です。

# 第④編 －1

# 実　技（鑑別等・製図）

## 第1章 鑑別等

### ――「鑑別等試験」の出題傾向と学習のポイント――

◇構成されている機器類・各装置・バルブ類等について，写真や絵図などによる具体的な問題があります。

- 装置・機器類等の名称・構造・機能・用途などは，必ず確認して下さい。
- 設備系統図などで，設置される位置や設置目的などを理解して下さい。

◇工事や整備に用いる「工具・機器類」に関する出題があります。

◇写真や絵図などを繰り返し確認し，確実に理解して下さい。

# 鑑別 1

次のものの名称と用途を解答欄に記入せよ。

1

2

3

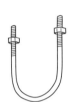

4

**解答欄**

| 番号 | 名　称 | 用　途 |
|------|--------|--------|
| 1 | | |
| 2 | | |
| 3 | | |
| 4 | | |

〈解答〉
1　ダイス　　　… ダイスハンドルに取付け，鋼棒や管に雄ねじを切る。
2　パイプレンチ … 金属管やカップリングを固定したり，回したりする。
3　Uボルト（ユーボルト）… 配管を固定する際に用いる。
4　吊りバンド　… 配管の支持に用いる。

## 鑑別 2

　下図は，消火設備に用いられるものの例である。次の問に答えよ。ただし，解答は解答欄に答えること。

A

B

問1　A及びBの名称を答えよ。

問2　A及びBの機能を答えよ。

問3　AとBの異なる点を答えよ。

問4　A又はBを必要としない消火設備は次のうちどれか。
　　　番号で答えよ。
　　　　① ヘッド式泡消火設備
　　　　② 水噴霧消火設備
　　　　③ 閉鎖式スプリンクラー設備
　　　　④ 開放式スプリンクラー設備

### 解答欄

| 問1 | A | B |
|---|---|---|
| 問2 | | |
| 問3 | | |
| 問4 | | |

〈解答〉

問1　A：減圧式一斉開放弁　　B：加圧式一斉開放弁

問2　一斉開放弁を開放することにより，防護区域に設置されたすべての開放型ヘッドから一斉に放射するためのものである。

問3　Aは弁のピストン室の圧力が「減圧」されることにより弁が開放され，Bは「加圧」されることにより弁が開放される。

問4　③（閉鎖式ヘッドを使用する設備には必要ない）

## 鑑別 3

　下図は，消火設備に用いられるものの例である。次の問に答えよ。
ただし，解答は解答欄に答えること。

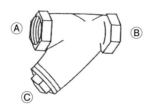

問1　上図のものの名称を答えよ。
問2　上図のものの機能を答えよ。
問3　上図のものの中をあるものが流れるが，一次側は Ⓐ，Ⓑ，Ⓒ の
　　　うちどこか。記号で答えよ。
問4　Ⓒの部分にネジが付いているが，その用途を答えよ。

**解答欄**

| 問1 | |
|---|---|
| 問2 | |
| 問3 | |
| 問4 | |

〈解答〉

問1　Y型ストレーナ
問2　配管内を流れる水に混じったゴミ等を除去する「ろ過装置」
問3　Ⓑ
問4　Ⓒのねじを外し，中にあるスクリーンと呼ばれるフィルターの清掃及
　　　び溜まったゴミ等を除去するため。

# 鑑別 4

下図のものは泡消火設備に用いるものである。次の各問に答えよ。

問1 ①②③それぞれの名称を答えよ。

問2 ①②③それぞれが用いられる箇所を答えよ。

問3 ③の→で示す部分の名称と用途を答えよ。

①

**解答欄**

| 名称 | |
|------|------|
| 使用箇所 | |

②

**解答欄**

| 名称 | |
|------|------|
| 使用箇所 | |

③

**解答欄**

| 名称 | |
|------|------|
| 使用箇所 | |

**問3の解答欄**

| 名称 | |
|------|------|
| 用途 | |

〈解答〉

① フォームヘッド：配管に取り付けて使用されるもので，駐車場などで用いられる。

② エアフォームチャンバー：液体可燃物の貯蔵タンクに取り付けられて用いられる。

③ エアフォームノズル：移動式泡消火設備に用いられる。

　　矢印(→)部分　[名称] ピックアップチューブ

　　　　　　　　[用途] 泡消火剤の貯蔵容器に差込んで，消火剤を吸い上げるために用いる。

# 鑑別　5

　　下記は，泡消火薬剤の性能などを知るための測定器具の組合せである。

　　測定する泡消火薬剤の種別と測定内容をそれぞれについて答えよ。

[ 1 ]　・ストップウォッチ　　　　　　　　　1 個
　　　　・1000 mL の目盛付シリンダ　　　　2 個

**解答欄**

| 薬剤の種別 | |
|---|---|
| 測定の内容 | |

[ 2 ]　・1400 mL の泡試料コンテナ　　　　2 個
　　　　・泡試料コレクタ　　　　　　　　　1 個
　　　　・はかり　　　　　　　　　　　　　1 個

**解答欄**

| 薬剤の種別 | |
|---|---|
| 測定の内容 | |

[ 3 ]　・1000 mL の目盛付シリンダ　　　　2 個
　　　　・泡試料コレクタ　　　　　　　　　1 個
　　　　・1000 g はかり　　　　　　　　　1 個

**解答欄**

| 薬剤の種別 | |
|---|---|
| 測定の内容 | |

〈解答〉

[ 1 ]　薬剤の種別 ：　水成膜泡消火薬剤
　　　　測定の内容 ：　25 ％還元時間の測定
[ 2 ]　薬剤の種別 ：　たん白泡消火薬剤 又は 合成界面活性剤泡消火薬剤
　　　　測定の内容 ：　発泡倍率の測定
[ 3 ]　薬剤の種別 ：　水成膜泡消火薬剤
　　　　測定の内容 ：　発泡倍率の測定

# 鑑別 6

　下記Ａ，Ｂのものは，消防用設備の配管に接続して設けられるものである。　次の各設問に答えなさい。

　なお，配管，設備，機器類等は，消防用設備等に係わる技術基準に適合しているものとする。

4-1
実
技
鑑
別
等

Ａ　　　　　　　　　Ｂ

**設問1**　Ａ，Ｂ，それぞれの名称を答えよ。

| Ａ | |
|---|---|
| Ｂ | |

**設問2**　Ａ，Ｂの機能を答えよ。

| |
|---|

**設問3**　Ａ，Ｂ本体に表示されている事柄を2つ答えよ。

| ①　　　　　　　　②　　　　　　　 |
|---|

**設問4**　縦配管に使用できないものはＡ・Ｂのどちらか記号で答えよ。

| |
|---|

〈解答〉
　**設問1**　Ａ：スイング式 逆止弁　　　Ｂ：リフト式 逆止弁
　**設問2**　配管内の水や泡水溶液の逆流防止のためのもの。
　**設問3**　①　流れ方向を示す矢印　　②　呼び径
　　　　　（上記のほか，製造者名又は商標，製造年，型式記号　等があります）
　**設問4**　Ｂ（リフト式）

## 鑑別 7

　下記の①～③は，消火設備に用いられる金属管の JIS 記号を表わしている。次の設問に答えよ。

　　　① JIS G 3442
　　　② JIS G 3452
　　　③ JIS G 3454

**設問 1**　それぞれの配管の名称および略号を答えよ。

| 番号 | 名　　称 | 略　　号 |
|------|---------|---------|
| ① |  |  |
| ② |  |  |
| ③ |  |  |

**設問 2**　通称で「白管」と呼ばれている配管が属する種類を上記の番号で答えよ。

| |
|---|

〈解答〉

**設問 1**　① 水道用亜鉛メッキ鋼管 … SGPW
　　　　　② 配管用炭素鋼鋼管 … SGP
　　　　　③ 圧力配管用炭素鋼鋼管 … STPG

**設問 2**　②

## 鑑別 8

　ポンプを運転した状態で，下図の → で示す部分のバルブを開けたが何らの変化もあらわれなかった。
　原因と思われることを 1 つ答えよ。

解答欄

| |
|---|

〈解答と解説〉

原因　：　ポンプが水を吸い上げていない。

※矢印で示している部分は「呼水ロート」のバルブで，ポンプ内に水が無い場合などに緊急措置としてポンプに水を補給する部分です。（呼水装置と同じ役割をします）

※ポンプが正常に機能している場合は，バルブを開けると激しく水を吹き上げます。

# 鑑別　9

病院等において，下図のように「色」が付されている配管を見かけるが「配管に色が付される目的」及び「色の表わす意味」を答えよ。

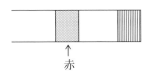
↑
赤

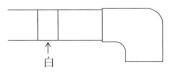
↑
白

**解答欄**

「色が付されている目的」

| |
|---|
| |

「色の表わす意味」

| 赤 | | 白 | |
|---|---|---|---|
| | | | |

〈解答〉

「色」を付す目的　：・配管工事の際の「誤接続防止」

　　　　　　　　　・配管を使用する際の「誤使用防止」

「色」の表わす意味：・赤 …「消防用配管」であることを表わしている。

　　　　　　　　　・白 …「空気用配管」であることを表わしている。

## 鑑別 10

下図は消火設備の加圧送水装置の一部を表わしたものである。
次の各問に答えよ。

問1 アで示す水槽の名称及びイ〜クそれぞれの名称を答えよ。

問2 ①〜⑧のバルブのうち，平常時において「開」のものと「閉」のもの
をそれぞれに分けて，解答欄に番号で答えよ。

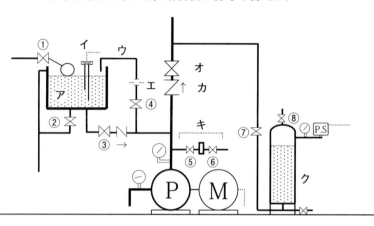

### 解答欄

問1

| ア | | オ | |
|---|---|---|---|
| イ | | カ | |
| ウ | | キ | |
| エ | | ク | |

問2

| 平常時「開」 | | 平常時「閉」 | |
|---|---|---|---|

〈解答〉

問1　ア：呼水槽　　　　　　　　　　オ：止水弁

　　　イ：減水警報装置の発信部　　　カ：逆止弁

　　　ウ：逃し配管　　　　　　　　　キ：ポンプ性能試験配管

　　　エ：オリフィス　　　　　　　　ク：起動用圧力タンク

問2　平常時「開」：①③④⑦　　　平常時「閉」：②⑤⑥⑧

## 鑑別 11

　次のものは，泡消火設備の点検整備の際に用いられるものである
が，それぞれの名称および用途を答えよ。

A

| 名称 | |
|---|---|
| 用途 | |

B

| 名称 | |
|---|---|
| 用途 | |

C

| 名称 | |
|---|---|
| 用途 | |

D

| 名称 | |
|---|---|
| 用途 | |

〈解答〉

|  | 名　称 | 用　途 |
|---|---|---|
| A | 泡試料コレクタ | ：点検の際に，泡試料を採取するときに用いる。 |
| B | はかり | ：泡の重量の測定に用い，発泡倍率を求める。 |
| C | 目盛付シリンダー<br>（メスシリンダー） | ：規定量の泡試料の採取に用い，泡の発泡倍率，<br>　25％還元時間の測定に用いる。 |
| D | ストップウォッチ | ：泡の25％還元時間の測定に用いる。 |

# 鑑別 12

　下図は，液体危険物の貯蔵タンクに設置された泡消火設備の一部を表わしている。図を参考にして各問に答えよ。

問1　Aは泡放出口の一種であるが，総称を答えよ。

問2　Bの部分名と用途を答えよ。

問3　Cの部分名と用途を答えよ。

問4　Dの所に「薄い板状のもの」が取り付けられているが，そのものの名称と用途を答えよ。

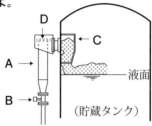

（貯蔵タンク）

**解答欄**

問1

| 総称 | |
| --- | --- |
| | |

問2

| 名　称 | 用　途 |
| --- | --- |
| | |

問3

| 名　称 | 用　途 |
| --- | --- |
| | |

問4

| 名　称 | 用　途 |
| --- | --- |
| | |

〈解答〉

問1　A　名称 ： エアフォームチャンバー（泡チャンバー）

問2　B　名称 ： 吸気口
　　　　　用途 ： 水溶液を発泡させるための空気を取り入れる。

問3　C　名称 ： デフレクター
　　　　　用途 ： タンク内に放出した泡の飛散を防ぎ，液面上に平均して流動展開させるためのもの。

問4　D　名称 ： ベーパーシール
　　　　　用途 ： 危険物の蒸気等がエアフォームチャンバー内に侵入することを防ぐために設けられている。

# 鑑別 13

　下図は全域放出方式の泡消火設備が設置されている防火対象物及び防護対象物である。

　下図を参考にしてこの場合の冠泡体積を算出せよ。

　なお，計算式を付記するものとする。

　また，防護区画の開口部には，自動閉鎖装置が設けられているものとする。

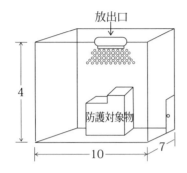

奥行：2 m
高さ：2 m
幅　：2 m

（単位：m）

## 解答欄

| 冠泡体積 | |
|---|---|
| 計算式 | |

〈解答〉

　　冠泡体積　：　175 m³

　　計　算　式　：　10 m × 7 m × （2 m ＋0.5 m）＝ 175 m³

# 鑑別 **14**

下図は，消火設備の配管図の一部を表わしている。
図を参考にして各問に答えよ。

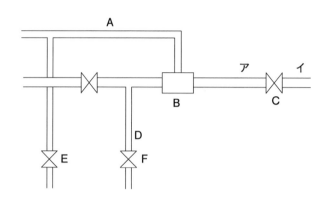

問1　A及びDについて，機能上の配管名を答えよ。

A：　　　　　　　　　　　　　D：

問2　Bの名称を答えよ。

問3　Cの一次側をア又はイで答えよ。

問4　E及びFの機能上の名称を答えよ。

E：　　　　　　　　　　　　　F：

〈解答〉

問1　A：火災感知用配管　　D：試験用配管

問2　一斉開放弁

問3　イ

問4　E：手動開放弁　　　F：テスト弁

# 鑑別 15

　下図は固定式泡消火設備を表わしたものであるが，図中に誤りが4カ所ある。図中の誤りを指摘せよ。

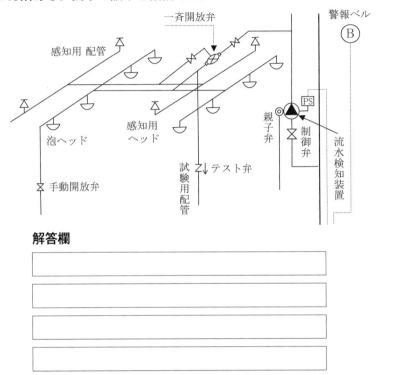

**解答欄**

---

---

---

---

〈解答〉
① 手動起動用の配管は感知用配管に接続されるのが正解です。
② バルブは必要ありません。
③ 開閉バルブが必要です。
④ 開閉バルブが正解です。

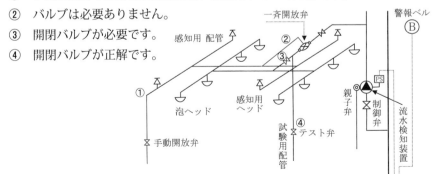

## 第2章
## 製 図

**※甲種のみ（乙種受験の方は省いてください）**

### ─「製図試験」の出題傾向と学習のポイント─

◇製図試験では，設計・製図のための基礎的な知識が試されます。
　設置に関する基本的な事柄は，確実に把握しておいて下さい。

◇出題の概要
- 「設備系統図の作成」又は「部分を完成させる」問題
- 「設備平面図の作成」又は「部分を完成させる」問題
- 設備系統図・設備平面図等の誤りを指摘又は正す問題
- 系統図・平面図等が示され，与えられた条件から水源水量・ポンプ
  吐出量・全揚程・摩擦損失・電動機の容量などを問う計算問題
- その他消火設備に関する総括的又は部分的な問題

◇「設備全体の構成」の確認を常に心がけ，練習問題を通して，設置基
　準・技術基準などを繰り返し学習して下さい。

# 製図 1

　下図は消火設備の系統図の一部を表わしたものである。
次の各問に答えよ。

問1　アで示す水槽の名称および一般的に貯水しなければならない水量
　　　を答えよ。

問2　イ・ウ・エ・オで示すものの名称および機能または用途を答えよ。

問3　①〜④のバルブのうち，平常時「開」のものと平常時「閉」のものを
　　　解答欄に分けて答えよ。

問4　A，Bの部分を完成させよ。

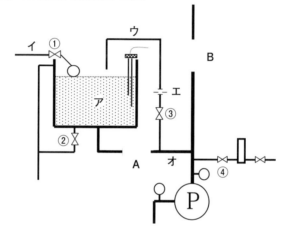

解答欄

問1

| ア | （名称） | （水量） |
|---|---|---|
| | | |

問2

| イ | （名称） | （機能又は用途） |
|---|---|---|
| ウ | | |
| エ | | |
| オ | | |

問3

| 平常時「開」 | 平常時「閉」 |
|---|---|
| | |

〈解答と解説〉

| 問1 | ア | （名称） 呼水槽 | （水量） 100 リットル以上 |
|------|------|------|------|

| 問2 | イ | 自動補給水管 | 呼水槽に水を自動補給するための配管 |
|------|------|------|------|
| | ウ | 逃し配管 | ポンプの締切運転を継続した場合において, ポンプ内の水温上昇を防止するために少量の水を逃がす配管 |
| | エ | オリフィス | 一定量の水を通過させる器具 |
| | オ | 呼水管 | 呼水槽の水をポンプに供給するための配管 |

| 問3 | 平常時「開」 | ①③ | 平常時「閉」 | ②④ |
|------|------|------|------|------|

問4　A 　　　B

# 製図 2

下図の駐車場に固定式泡消火設備を設置する場合について，次の各設問に答えよ。

ただし，点線の部分に天井から40cmの梁（はり）が突き出ている。

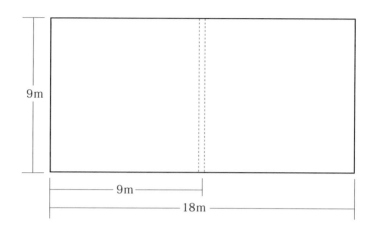

問1　この駐車場に設置すべき「泡ヘッドの数」を答えよ。

問2　この設備の水源水量が5265リットルであるとした場合，使用している泡消火薬剤の種類を答えよ。

　　　ただし，配管を満たす量は考慮しなくてよい。

問3　この設備に用いることができる泡消火薬剤の混合比を2つ答えよ。

問4　この設備に用いる泡の最大膨張比を答えよ。

解答欄

問1

問3

問2

問4

〈解答と解説〉

**問1** 18個

※駐車場の面積：$9\,\mathrm{m} \times 18\,\mathrm{m} = 162\,\mathrm{m}^2$

※駐車場はフォームヘッドであるから　$162\,\mathrm{m}^2 \div 9\,\mathrm{m}^2 = 18$
となります。

**問2** たん白泡消火薬剤

※水源水量は，40 cm 以上突き出した梁などがある場合は，区画された最大の区画を算出の対象とします。
全区画が対象ではないことに注意！

※水源水量は，使用する消火薬剤により異なるので，水源水量が分かれば使用している消火薬剤を知ることができます。
（水源水量を求める式から逆算する）

$$9\,個 \times 9\,\mathrm{m}^2 \times X \times 10分 = 5265\,\mathrm{L}$$

↑
・$1\,\mathrm{m}^2$当たり，1分間の放射量

$810\,X = 5265 \qquad X = \dfrac{5265}{810} = 6.5\,\mathrm{L}$

∴ $1\,\mathrm{m}^2$当たり，毎分6.5リットルの放射量の薬剤は，**たん白泡**が該当します。

**問3** 3 %，6 %

※この設備は低発泡である。

**問4** 20倍

※低発泡の泡の膨張比は，20以下である。

# 製図 3

　下図は自家用ビルの駐車場の平面図である。ここに固定式泡消火設備を設置するについて，次の各問に答えよ。

問1　この設備に用いる泡放出口の種類を答えよ。

問2　下図に泡放出口及び配管設備を記入せよ。
　　　但し，流水検知装置の二次側配管とし，試験用配管，感知用配管は記入の必要はない。

問3　各配管に配管の径を傍記せよ。
　　　但し，配管の径は下表によること。

| ヘッドの合計 | 2以下 | 3以下 | 5以下 | 10以下 | 20以下 | 40以下 |
|---|---|---|---|---|---|---|
| 配管の径 | 25 A 以上 | 32 A 以上 | 40 A 以上 | 50 A 以上 | 65 A 以上 | 80 A 以上 |

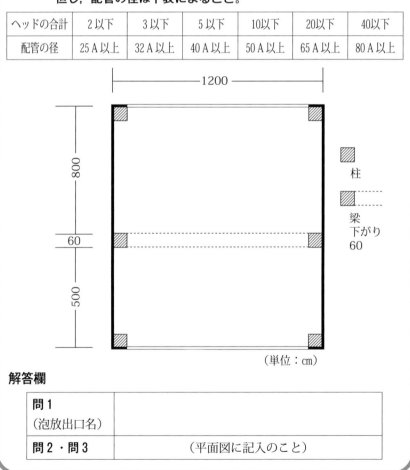

（単位：cm）

**解答欄**

| 問1<br>（泡放出口名） | |
|---|---|
| 問2・問3 | （平面図に記入のこと） |

〈解答と解説〉

**問1  フォームヘッド**

※駐車場であるから「フォームヘッド」が取り付けられます。

**問2**  設置個数（9 m² について 1 個以上），図を参照。

**［大きい区画］**

$12\,\mathrm{m} \times 8.3\,\mathrm{m} = 99.6\,\mathrm{m}^2$

$99.6\,\mathrm{m}^2 \div 9\,\mathrm{m}^2 \fallingdotseq 11.06$   ∴ **12個**（端数は繰り上げとなる）

**［小さい区画］**

$12\,\mathrm{m} \times 5.3\,\mathrm{m} = 63.6\,\mathrm{m}^2$

$63.6\,\mathrm{m}^2 \div 9\,\mathrm{m}^2 \fallingdotseq 7.06$   ∴ **8個**（端数は繰り上げとなる）

※放射区画が 2 つの区画に分かれるので，それぞれの区画に一斉開放弁が必要となります。

**問3**  配管の径は，図を参照。

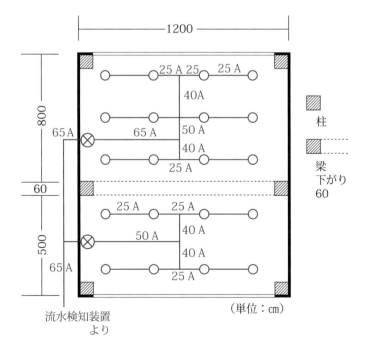

（単位：cm）

流水検知装置
より

4-2

実
技
製
図

# 製図 4

下図は泡消火設備の配管の一部を表わしたものである。
但し書にしたがい，各問に答えよ。

但し，・配管Ａ及び配管Ｂは，それぞれの口径を表わしている。
　　　・放射ヘッドは，配管Ｂに直接取り付けられている。
　　　・取り付けられたヘッド１個当たりの放射量は80 L/分である。
　　　・摩擦損失は下表の通りとし，継手類は考慮しないものとする。

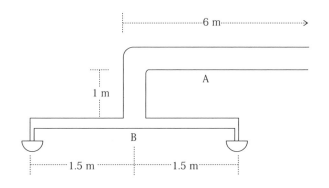

<摩擦損失>

| 放射量 L/分 | 配管 A | 配管 B |
|---|---|---|
| 80 | $\dfrac{5}{100}$ | $\dfrac{46}{100}$ |
| 160 | $\dfrac{17}{100}$ | $\dfrac{166}{100}$ |

**問1　配管「A」について，次の空欄を埋めよ。**
・流　　量 ⬜ L/分
・摩擦損失 ⬜ m × ⬜

**問2　配管「B」について，次の空欄を埋めよ。**
・流　　量 ⬜ L/分
・摩擦損失 ⬜ m × ⬜

〈解答と解説〉

問1　配管A　• **流量**　　　　160 L/分

※ヘッド2個分の放射流量が通過する。

• **摩擦損失**　　$7\,\mathrm{m} \times \dfrac{17}{100}$

※配管の長さは，6 m ＋ 1 m ＝ 7 m となる。
※配管Aにおける摩擦損失は1.19 m となる。

問2　配管B　• **流量**　　　　80 L/分

※配管Bを流れる量は，左右のヘッドそれぞれの放射量が通過します。
※配管Bを流れる量は，分岐点の左右とも同じ量になります。

• **摩擦損失**　　$3\,\mathrm{m} \times \dfrac{46}{100}$

※実際の消火設備の設計は，配管・継手類の摩擦損失，落差，放射圧など，種々の要因を考慮して行います。

# 製図 5

　下記防火対象物に全域放出方式の高発泡用泡放出口を設置するについて，次の条件を参考にして各問に答えよ。

［条件］

- 図面では，解答に関係のない部分は省略されている。
- 設置する泡放出口の泡水溶液の放出量は，冠泡体積 1 $m^3$ 当たり 0.04 $m^3$ とする。
- 防護区画の開口部には自動閉鎖装置が設けられている。
- 配管内を満たす泡水溶液の量は，考慮しないものとする。

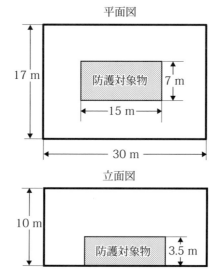

平面図

立面図

問1　この防火対象物に設置すべき泡放出口の最少設置個数を，計算式を示して答えよ。

| 計算式 | 個 |
|---|---|

問2　この防護区画の冠泡体積を，計算式を示して答えよ。

| 計算式 | $m^3$ |
|---|---|

問3　泡消火薬剤の混合比を 3 ％型とした場合，この防護区画に必要な泡消火薬剤量は何リットルとなるか，計算式を示して答えよ。

| 計算式 | L |
|---|---|

〈解答と解説〉

**問1** **計算式** $(17\,\mathrm{m} \times 30\,\mathrm{m}) \div 500\,\mathrm{m}^2 = 1.02$
**設置数** 2個

※泡放出口の設置個数は，防護区画の床面積500 m²ごとに1個以上設置する決まりがあります。
よって，最少設置個数は2個となります。

**問2** **計算式** $17\,\mathrm{m} \times 30\,\mathrm{m} \times (3.5\,\mathrm{m} + 0.5\,\mathrm{m}) = 2040\,\mathrm{m}^3$
**冠泡体積** 2040 m³

※冠泡体積は，床面などから防護対象物より0.5 m高い位置までの体積をいいます。
防護区画全体の体積ではありません。

**問3** **計算式**
$(2040\,\mathrm{m}^3 \times 0.04\,\mathrm{m}^3 \times 1000) \times 0.03 = 2448\,\mathrm{L}$
**泡消火薬剤量** 2448 L

※この冠泡体積に必要な水溶液を先ずリットルで算出し，それに対する泡消火薬剤を続いて算出します。

※1 m³ = 1000 リットルであることからリットルに換算します。

# 製図 6

　下図は高発泡用泡放出口を用いる局所放出方式の泡消火設備を設置する指定可燃物の貯蔵所の状況を表わしている。

　次の条件を参考にして各問に答えよ。

［条件］

　1　周囲に壁等が無い広い区画に防護対象物は置かれている。

　2　配管内を満たす泡水溶液量は考慮しないものとする。

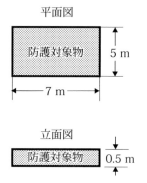

平面図

防護対象物　5 m

7 m

立面図

防護対象物　0.5 m

問1　この消火設備の防護面積を，計算式を示して答えよ。

| 計 算 式 : |
| 防護面積 :　　　　　　　　　　　m² |

問2　この設備の水源水量を，計算式を示して答えよ。

| 計 算 式 : |
| 水源水量 :　　　　　　　　　　　L |

問3　この設備で3％型泡消火薬剤を用いる場合の泡消火薬剤量を，計算式を示して答えよ。

| 計 算 式 : |
| 泡消火薬剤量 :　　　　　　　　　L |

〈解答と解説〉

問1　**計算式**

$(1.5\,\text{m} + 7\,\text{m} + 1.5\,\text{m}) \times (1.5\,\text{m} + 5\,\text{m} + 1.5\,\text{m}) = 80\,\text{m}^2$

**防護面積**　　80 m$^2$

※防護対象物が占める面積及びその周囲の面積を防護面積と呼び，泡を放出する際の基準となります。

※周囲の面積は 1 m 又は 3 $H$（防護対象物の高さの 3 倍）いずれか大きい方となるので1.5 m となります。（P238参照）

問2　**計算式**　　80 m$^2$ × 3 L/min × 20 min = 4800 L

**水源水量**　　4800 L

※防護面積 1 m$^2$当たりの指定可燃物に対する泡放出量は 3 L/min となっています。（P243参照）

問3　**計算式**　　4800 L × 0.03 = 144 L

**泡消火薬剤量**　　144 L

# 製図 7

　下図は自家用ビルの駐車場の平面図である。ここに固定式泡消火設備を設置するについて，次の各問に答えよ。

問1　この設備に用いる泡放出口の種類を答えよ。

問2　下図に泡放出口及び配管設備を記入せよ。
　　　但し，流水検知装置の二次側配管とし，試験用配管，感知用配管は記入の必要はない。

問3　各配管の径を，下表にしたがって配管に記入せよ。

| ヘッドの合計 | 2以下 | 3以下 | 5以下 | 10以下 | 20以下 | 40以下 |
|---|---|---|---|---|---|---|
| 配管の径 | 25 A以上 | 32 A以上 | 40 A以上 | 50 A以上 | 65 A以上 | 80 A以上 |

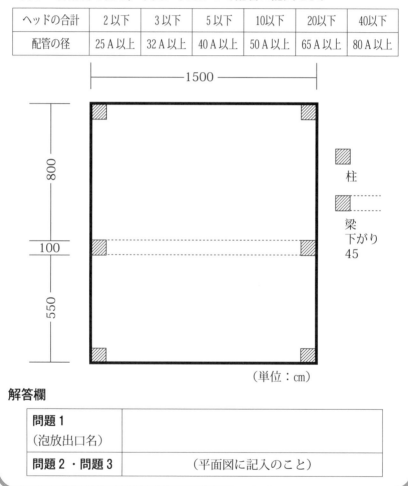

（単位：cm）

## 解答欄

| 問題1<br>（泡放出口名） | |
|---|---|
| 問題2・問題3 | （平面図に記入のこと） |

〈解答と解説〉

問1　フォームヘッド

※駐車場であるから「フォームヘッド」が取り付けられます。

問2　設置個数（9 m$^2$について1個以上），図を参照。

**［大きい区画］**

$$15\,m \times 8.5\,m = 127.5\,m^2$$

$$127.5\,m^2 \div 9\,m^2 = 14.16 \quad \therefore \quad \textbf{15個}$$

※個数計算の際に端数が出る場合は，繰り上げした個数となります。

※フォームヘッドを用いる駐車場の放射区域面積は，50 m$^2$以上〜100 m$^2$以下としなければならない。

100 m$^2$を超える場合は，放射区画を分けなければならない。

（P243参照）

**［小さい区画］**

$$15\,m \times 6\,m = 90\,m^2 \quad 90\,m^2 \div 9\,m^2 = 10 \quad \textbf{(10個)}$$

※それぞれの放射区画に一斉開放弁を取り付けなければならない。

問3　配管の径は，図を参照ください。

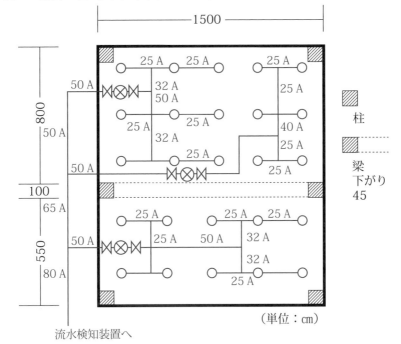

（単位：cm）

流水検知装置へ

下図は，泡消火設備の放射区画の一部を表わしている。
次の条件により，未完成部分を記入して構成図を完成させよ。

<条件>
- 火災感知器の作動により起動する方式とする。
- 表示した放射区画を完成させるものとし，加圧送水装置，泡消火薬剤
  貯蔵槽及び混合器など放射区画と直接関わりの無いものは記入しない
  こととする。
- ヘッド及び感知器その他の間隔等については考慮しないものとする。

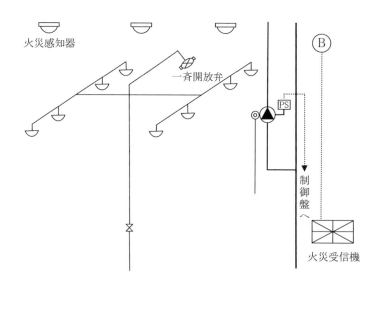

## 〈解答と解説〉

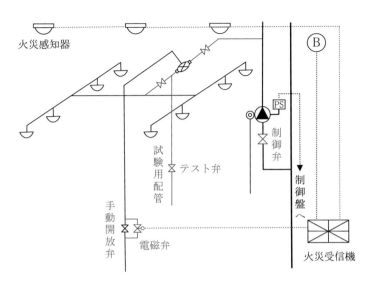

火災感知器

試験用配管

テスト弁

手動開放弁

電磁弁

制御弁

PS

B

制御盤へ

火災受信機

# 第5編

# 模擬試験

## 問題と解説

── 受験種別による区分 ──

☆**甲種受験者**は，すべての問題の解答をしてください。

☆**乙種受験者**は，製図を除いたすべての問題を解答し，法令10問，基礎知識５問，構造機能・規格15問に相当する正解率を算出してください。

☆**科目免除受験者**は，免除科目がそれぞれ該当する区分によって細かく分かれますので，各自試験機関にて免除科目の詳細を確認の上，該当する問題を省略して解答して下さい。問題には科目名だけ表示しています。

# 消防関係法令

## ❍ 法令・共通 ❍

### 問題 1　消防の組織についての記述のうち，正しいものはどれか。

(1)　消防本部の長は消防庁長官である。

(2)　消防本部を設ける場合は消防団を設けない。

(3)　市町村の消防は，都道府県知事が管理しなければならない。

(4)　市町村は，消防事務を処理するため消防本部又は消防団のいずれかを設けなければならない。

### 問題 2　消防法第 7 条に定める消防同意について，誤った記述はどれか。

(1)　建築物に関する消防同意のない許可，認可，確認は無効である。

(2)　建築物を新築しようとする者は，建築の確認申請と同時に消防同意の申請を行うことができる。

(3)　特定行政庁，建築主事又は指定確認検査機関等は，消防同意がなければ建築物の許可，認可，確認ができない。

(4)　消防長又は消防署長は，防火に関するものに違反しないものである場合は，一定の期日以内に同意を与えなければならない。

### 問題 3　消防設備士免状に関する記述のうち，正しいものはどれか。

(1)　消防設備士免状を亡失，滅失，汚損又は破損した場合は，免状の交付を受けた都道府県知事に再交付の申請をしなければならない。

(2)　消防設備士免状の交付を受けようとする者は，住所地を管轄する都道府県知事に免状交付の申請をしなければならない。

(3)　消防設備士免状の記載事項に変更を生じた場合は，居住地，勤務地又は交付地の都道府県知事に書換えの申請をしなければならない。

(4)　消防設備士免状を紛失して再交付を受けた後，紛失した免状を発見した場合は，これを速やかに再交付を受けた都道府県知事に提出しなければならない。

**問題 4**　消防用設備等の技術上の基準に関する政令若しくはこれに基づく命令又は条例を改正する法令により規定が改正されたとき，改正後の規定に適合させなくてよいものはどれか。

(1)　作業場に設置されている漏電火災警報器
(2)　事務所ビルに設置されているスプリンクラー設備
(3)　専門学校に設置されている消火器及び簡易消火用具
(4)　改正基準の施行後における増築又は改築の床面積の合計が1000 m²以上となる場合

**問題 5**　消防設備士に関する記述について，法令上誤っているものはどれか。

(1)　消防設備士は，その業務を忠実に行い，工事整備対象設備等の技術の向上に努めなければならない。
(2)　消防設備士免状は，消防設備士試験に合格したものに対し，当該試験を実施した都道府県知事が交付する。
(3)　都道府県知事は，総務大臣の指定するものに，消防設備士試験の実施に関する事務を行わせることができる。
(4)　消防設備士は，総務省令で定めるところにより，都道府県知事（総務大臣が指定する市町村長その他の機関を含む。）が行う工事整備対象設備等の工事又は整備に関する講習を受けなければならない。

**問題 6**　防火管理者の業務について，誤っているものは次のどれか。

(1)　火気の使用・取扱いに関する監督を行う。
(2)　収容人員の管理・その他防火管理上必要な業務を行う。
(3)　消防計画を作成し，消火・通報・避難訓練を実施する。
(4)　消防用設備類・消火活動上必要な施設の工事，整備を行う。

## 問題 7 消防用設備等又は特殊消防用設備等の定期点検についての記述のうち，誤っているものはどれか。

(1) 特定1階段等防火対象物については，延べ面積1000 m²以上のものが定期点検，報告の対象となる。

(2) 非特定防火対象物のうち，延べ面積が1000 m²以上で，消防長又は消防署長等から指定されたものは，点検，報告の義務がある。

(3) 特定防火対象物のうち，延面積が1000 m²以上のものの消防用設備等の点検は，消防設備士又は消防設備点検資格者に点検させなければならない。

(4) 特殊消防用設備等の点検の期間は，消防用設備等の点検期間とは別に定められており，特殊消防用設備等設置維持計画に定める期間とされている。

## 問題 8 消防用設備等又は特殊消防用設備等の工事についての記述のうち，誤っているものはどれか。

(1) 工事の着工届は，設置工事と同様に変更工事においても所轄の消防長又は消防署長に着工届を提出しなければならない。

(2) 工事に係わる消防設備士は，工事着手日の10日前までに，所轄の消防長又は消防署長に着工届を提出しなければならない。

(3) 工事に係わった消防設備士は，工事が完了した日から4日以内に，所轄の消防長又は消防署長に設置届を提出しなければならない。

(4) 工事が完了した日から4日以内に所轄の消防長又は消防署長に設置届を提出しなければならない。また，設置届を提出した後に一定の防火対象物は検査を受けなければならない。

**問題 9** 下記防火対象物のうち，泡消火設備が適応するものはどれか。

(1) 工場の発電機室で，床面積が200 m$^2$のもの

(2) ホテルのボイラー室で，床面積が300 m$^2$のもの

(3) 2階の自動車整備工場で，床面積が400 m$^2$のもの

(4) 事務所ビルの通信機器室で，床面積が500 m$^2$のもの

**問題 10** 次の防火対象物のうち，面積に関係なく泡消火設備の設置義務のあるものはどれか。

(1) 駐 車 場

(2) 道路の用に供される部分

(3) 自動車の修理，整備用部分

(4) 屋上の回転翼航空機の発着場

**問題 11** 次の駐車場のうち，泡消火設備の設置義務がないものはどれか。ただし，駐車するすべての車両が同時に屋外に出ることができる構造の階を除く。

(1) 2階部分の床面積が200 m$^2$のもの

(2) 屋上部分の床面積が300 m$^2$のもの

(3) 地階部分の床面積が300 m$^2$のもの

(4) 1階部分の床面積が400 m$^2$のもの

**問題 12** 次の防火対象物に泡消火設備を設置するについて，誤っているものはどれか。

(1) 道路の用に供される屋上部分は，床面積600 m$^2$以上から設置義務が生じる。

(2) 駐車場の屋上部分は，床面積300 m$^2$以上から設置義務が生じる。

(3) 自動車の修理整備の2階部分は，床面積300 m$^2$から設置義務が生じる。

(4) 屋上の回転翼航空機の発着場は，床面積に係わりなく設置義務がある。

**問題 13** 泡消火設備の設置基準についての記述のうち，誤っているものはいくつあるか。

A　火災のとき著しく煙が充満するおそれのある場所に設置する設備は固定式とする。

B　起動装置の操作部及びホース接続口には，直近の見やすい箇所に起動操作部及びホース接続口である旨の標識を設ける。

C　手動起動装置を駐車場等に設ける場合は，放射区域ごとに2個を設ける。

D　泡消火設備を有効に30分以上作動できる非常電源を設ける。

(1)　1個　　(2)　2個　　(3)　3個　　(4)　4個

**問題 14** 移動式泡消火設備について，誤っているものはどれか。

(1)　ホースは消防用ゴム引きホースとし，口径は呼称40A又は50Aの長さ20m以上のものとする。

(2)　移動式は火災時に煙が充満するおそれのない場所に設置できる。

(3)　移動式の放射用具格納箱は，ホース接続口から5m以内に設ける。

(4)　泡放出口は，防護対象物の各部分から15m以下となるように設ける。

**問題 15** フォームヘッドを駐車場に使用するについて，たん白泡消火薬剤を用いた場合の床面積1 m²当たりの放射量として正しいものは次のうちどれか。

(1)　5.0 L/分

(2)　6.5 L/分

(3)　7.3 L/分

(4)　8.0 L/分

# 基礎的知識

## ❍ 機械に関する基礎的知識 ❍

**問題 16** 圧力についての記述のうち，誤っているものはどれか。

(1) 圧力には，大気圧を基準としたゲージ圧力がある。

(2) 圧力には完全真空状態を基準とした絶対圧力がある。

(3) ゲージ圧力は大気圧より大きい圧力を正（＋），小さい圧力を負（－）として表わす。

(4) 絶対圧力は完全真空状態を正（＋）として表わし，完全真空に満たないものを負（－）として表わす。

**問題 17** 断面の直径が50 cm と20 cm の大小2つの断面をもつ配管があり，水が定常流で流れている。大きい方の断面における流速が40 cm/s である場合，小さい方の断面における流速は，次のうちどれか。

(1) 2.5 m/s (2) 3.6 m/s (3) 4.5 m/s (4) 5.8 m/s

**問題 18** 図のように力 $F_1$ と力 $F_2$ がP点で直角に作用しているとき $F_1$ $F_2$ の合力として正しいものは，次のうちどれか。

(1) 14.1 N
(2) 20.0 N
(3) 28.2 N
(4) 40.0 N

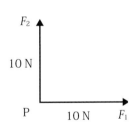

**問題 19** 500 N の物体を10秒間で7 m 引き上げた。このときの仕事量として正しいものは，次のうちどれか。

(1) 500 J (2) 1500 J (3) 3500 J (4) 5000 J

**問題 20** 下図のように長さ 2 m の片持ちばりがある。このはりに20 N の等分布荷重(*W*)がかかったときの曲げモーメントとして正しいものは，次のどれか。

(1) 10 N・m
(2) 18 N・m
(3) 20 N・m
(4) 36 N・m

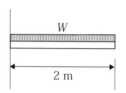

**問題 21** 金属材料の合金の一般的な性質として，誤っているものはどれか。

(1) 可鍛性は一般的に増加する。
(2) 硬度は成分金属より増加する。
(3) 化学的腐食作用に対する耐腐食性は増加する。
(4) 熱及び電気の伝導率は成分金属の平均値より減少する。

## ○電気に関する基礎的知識○

**問題 22** 下図ab間に60 V の電圧を加えた場合，ab間を流れる電流値は次のどれか。

(1) 1.0 A
(2) 2.5 A
(3) 3.0 A
(4) 4.5 A

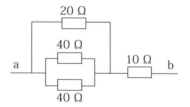

**問題 23** 下図のように 3 個の抵抗を接続し，A-B間に100 V の電圧を加えたとき，電圧計Ⓥの表示する電圧は次のうちどれか。

(1) 20 V
(2) 30 V
(3) 40 V
(4) 50 V

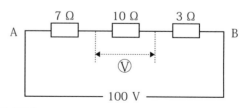

**問題 24** 使用電力600 W の負荷を100 V の電源に接続したとき 8 A の電流が流れた。この負荷の力率は次のうちどれか。

(1) 60 %　　(2) 75 %　　(3) 80 %　　(4) 95 %

**問題 25** 下図におけるインピーダンスは次のうちどれか。

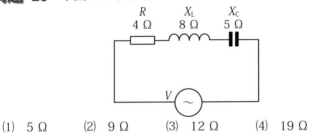

(1) 5 Ω　　(2) 9 Ω　　(3) 12 Ω　　(4) 19 Ω

# 構造・機能・規格 及び 工事・整備の方法

## ○構造機能・機械○

**問題 26** ポンプを定格運転しているが，圧力計の指針が規定値以下で，かつ，吐出しが安定しない場合の原因として正しいものはどれか。

(1) ポンプ二次側の止水弁が閉まっている。
(2) フート弁が付いていない。
(3) ポンプ内に空気が入っている。
(4) 配管に設けられた弁が開放されている。

**問題 27** 消防用設備の呼水装置についての記述のうち，誤っているものはどれか。

(1) 呼水装置に用いる呼水槽の容量は，加圧送水装置を有効に作動させることができる容量で，一般的には100リットル以上とされている。
(2) 呼水装置の容量が十分な容量を有する場合は，他のポンプと共用とすることができる。
(3) 呼水槽とポンプの間の呼水管には，止水弁及び逆止弁が設置されている。
(4) 呼水装置の減水警報装置には，一般的にブザーやベル及び橙色の灯火が用いられる。

**問題 28** 流水検知装置についての記述のうち，誤っているものはどれか。

(1) 予作動式流水検知装置には，手動式起動装置が設けられている。
(2) 流水検知装置には，本体内の水抜きをするための親弁と呼ばれる弁が附置されている。
(3) 流水検知装置は，本体内の流水現象を自動的に検知して信号又は警報を発する装置である。
(4) 流水検知装置には，本体内の弁の開放試験をするための子弁と呼ばれる弁が附置されている。

**問題 29** 下記の泡消火設備についての記述から判断して，該当する混合装置を選べ。

◎加圧送水ポンプの二次側と一次側との間を連結するバイパス管を設け，バイパス間の途中に混合器を設けている。

(1) ポンププロポーショナー方式
(2) ラインプロポーショナー方式
(3) プレッシャープロポーショナー方式
(4) ウォーターモータープロポーショナー方式

**問題 30** 泡ヘッドについての記述のうち，誤っているものはどれか。

(1) 泡ヘッドには空気吸入口が設けられている。
(2) 泡ヘッドの発泡倍率は，放射圧力には関係ない。
(3) 泡ヘッドは噴流（ジェット）効果を利用している。
(4) 泡ヘッドの放射量の変化は，発泡倍率に影響する。

**問題 31** 泡消火設備に用いる泡消火薬剤についての記述のうち，正しいものはどれか。

(1) 泡消火薬剤は，形状等から型式承認の対象から除外されている。
(2) 合成界面活性剤泡は，もっぱら低発泡用として使用される。
(3) たん白泡消火薬剤は，低発泡用として使用される。
(4) 水成膜泡は，高発泡用として使用される。

**問題 32** 泡放出口についての記述のうち，正しいものはいくつあるか。

A　アスピレート型泡放出口を用いると，高発泡の泡が得られる。
B　フォームヘッドは，床面積 9 m²について 1 個以上の割合で設置する。
C　低発泡，高発泡の違いは，泡放出口の違いより消火薬剤に起因する。
D　フォームウォータースプリンクラーヘッドは開放型スプリンクラーヘッドの機能も有している。

(1)　1つ　　　(2)　2つ　　　(3)　3つ　　　(4)　4つ

**問題 33** 泡消火設備の手動式起動装置についての記述のうち，消防法令上誤っているのはどれか。

(1)　起動操作は，押しボタン・バルブ・コック等で 2 動作以内で行えるものとする。
(2)　2 以上の放射区域がある場合は，放射区域を選択できるものとする。
(3)　手動式の起動操作部は，火災のとき容易に接近することができ，かつ，床からの高さが0.8 m 以上1.5 m 以下の箇所に設ける。
(4)　起動装置の直近の見やすい箇所に，起動装置である旨の標識を設ける。

**問題 34** 泡消火薬剤の貯蔵容器についての記述のうち，正しいものはいくつあるか。

A　貯蔵タンクは，金属製の密閉型とする。
B　腐食性を有する泡消火薬剤の貯蔵容器は，合成樹脂等でコーティングする。
C　たん白泡消火薬剤の貯蔵容器には，鉛を含むコーティング剤は使用できない。
D　貯蔵容器には，ダイヤフラムが付いたものがある。

(1)　1つ　　(2)　2つ　　(3)　3つ　　(4)　4つ

**問題 35** 泡消火設備の混合装置のうち，貯蔵タンクに加圧水の圧力の一部が加わるものがある。次のうちどれか。

(1) プレッシャーサイドプロポーショナー方式
(2) ウォーターモータープロポーショナー方式
(3) プレッシャープロポーショナー方式
(4) ポンププロポーショナー方式

## ○構造機能・電気○

**問題 36** 次の非常電源についての記述として誤っているものはどれか。

(1) 点検に便利で火災などの災害による被害を受けるおそれが少ない箇所に設ける。
(2) 常用電源が停電した時は，自動的に常用電源から非常電源に切り替えられるものであること。
(3) 他の電気回路の開閉器又は遮断機によって遮断されないものであること。
(4) 他の電気回路と開閉器を共用する場合は，消防設備用であることを表示すること。

**問題 37** 消火設備の起動装置に用いる電磁ソレノイドの磁界の強さについての記述のうち，正しいものはどれか。

(1) コイルの巻き数に比例する。
(2) コイルの巻き数に反比例する。
(3) コイルの抵抗に比例する。
(4) 電流の 2 乗に反比例する。

**問題 38** 消火設備の配線についての記述のうち，誤っているものはどれか。

(1) 制御盤と電動機の間の配線は，耐熱配線としなければならない。
(2) 非常電源と制御盤の間の配線は，耐火配線としなければならない。
(3) 火災受信機と警報装置の間の配線は，耐熱配線としなければならない。
(4) 制御盤と遠隔起動装置の間の配線は，耐熱配線としなければならない。

## 問題 39　非常電源として消防用設備に設ける蓄電池設備に関する記述のうち，適切でないものはどれか。

(1) 蓄電池設備には，当該設備の出力電圧又は出力電流を監視できる電圧計又は電流計を設けること。

(2) 外部から容易に人が触れるおそれのある充電部及び高温部は，安全上支障のないよう保護されていること。

(3) 蓄電池設備は，自動的に充電するものとし，充電電源電圧が定格電圧のプラスマイナス15％の範囲内で変動しても機能に異常なく充電できるものであること。

(4) 直交変換装置を有する蓄電池設備にあっては常用電源が停電してから40秒以内に，その他の蓄電池設備にあっては常用電源が停電した直後に，電圧確立及び投入を行うこと。

## 問題 40　非常電源の蓄電池の単電池当たりの公称電圧として，誤っているものは次のうちどれか。

(1) 鉛蓄電池：2ボルト

(2) アルカリ蓄電池：1.2ボルト

(3) ナトリウム・硫黄電池：1.5ボルト

(4) レドックスフロー電池：1.3ボルト

## 問題 41　下記の設置工事と接地線の太さについての組合せのうち，誤っているものはどれか。

(1) A種接地工事の接地線の太さは，直径2.6 mm 以上とする。

(2) B種接地工事の接地線の太さは，直径3.0 mm 以上とする。

(3) C種接地工事の接地線の太さは，直径1.6 mm 以上とする。

(4) D種接地工事の接地線の太さは，直径1.6 mm 以上とする。

## ○規　格○

### 問題 42　消防用設備の呼水装置に関するもののうち，正しいものはいくつあるか。

A　補給水管の口径は，呼び15以上とする。

B　呼水管の口径は，呼び25以上とする。

C　溢水用排水管の口径は，呼び50以上とする。

D　呼水槽の容量は，50リットル以下でもよい場合がある。

(1)　1つ　　　(2)　2つ　　　(3)　3つ　　　(4)　4つ

### 問題 43　一斉開放弁についての記述のうち，誤っているものはどれか。

(1)　一次側配管で金属管を用いるものは，防食処理を施すこと。

(2)　弁体を開放後に通水が中断した場合においても，再び通水ができること。

(3)　規格省令では，一斉開放弁と配管の接続部の内径が300 mm 以下のものについて，基準を定めている。

(4)　起動装置を作動させた場合，15秒（内径が200 mm を超えるものにあっては，60秒）以内に開放するものとする。

### 問題 44　泡消火設備により放射される泡は膨張比により分類されているが，正しいものは次のどれか。

(1)　膨張比が80未満のものを低発泡という。

(2)　膨張比が80～100のものを中発泡という。

(3)　高発泡の泡は，第1種・第2種・第3種に区分される。

(4)　高発泡の場合の泡放出口は，フォームヘッドを使用する。

### 問題 45　移動式泡消火設備操作部の取付位置として，正しいものはどれか。

(1)　床面からの高さが1.5 m 以下の位置に設ける。

(2)　床面からの高さが1.8 m 以下の位置に設ける。

(3)　床面からの高さが0.5 m 以上1.0 m 以下の位置に設ける。

(4)　床面からの高さが0.8 m 以上1.5 m 以下の位置に設ける。

## ●鑑別等試験●

**鑑別 1** 次のものの名称と用途を解答欄に記入せよ。

| 1 | 2 |
|---|---|
| 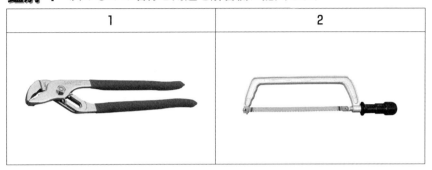 | |

解 答 欄

| 番号 | 名　　称 | 用　　　途 |
|------|---------|-----------|
| 1 | | |
| 2 | | |

**鑑別 2** 次のものは，泡消火設備の点検整備の際に用いられるもので
あるが，それぞれの名称および用途を答えよ。

A 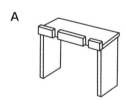　　　　　　　B

解 答 欄

| 番号 | 名　　称 | 用　　　途 |
|------|---------|-----------|
| A | | |
| B | | |

**鑑別 3** 下図は消火設備の配線系統図の一部を表わしたものであるが，配線系統によっては耐火保護，耐熱保護を必要とする系統がある。下図のA〜Eに使用すべき配線を(イ)(ロ)(ハ)の記号で答えよ。

> (イ) 耐火配線　　(ロ) 耐熱配線　　(ハ) 一般配線

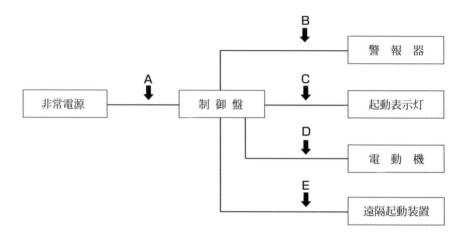

解答欄

| A | B | C | D | E |
|---|---|---|---|---|
|   |   |   |   |   |

## 鑑別 4　次の継手類の名称を答えよ。

① ② ③ ④ ⑤

解 答 欄

| ① | ② | ③ | ④ | ⑤ |
|---|---|---|---|---|
|   |   |   |   |   |

## 鑑別 5　次のものの名称と部分名を答えよ。

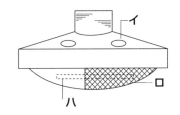

解 答 欄

| 名　　称 | イ | ロ | ハ |
|---|---|---|---|
|   |   |   |   |

# ◗製 図 試 験◖

**製図 1** 下図は泡消火設備の水源水槽である。水源の有効水量とする部分を，それぞれの図に記入しなさい。

ただし，画像は設問と直接係わりのない部分は省略している。

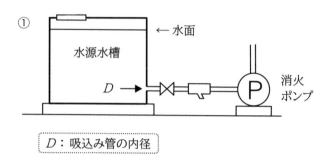

① 水源水槽 ←水面

$D$→ 消火ポンプ

$D$：吸込み管の内径

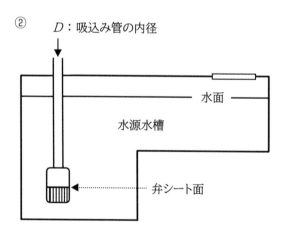

② $D$：吸込み管の内径

水面

水源水槽

弁シート面

**製図 2**　下図は，液体危険物貯蔵タンクに設置された泡消火設備の系
統図の一部である。次の各問に答えよ。

問1　下図で示す「A」のものの名称を答えよ。
問2　下図で示す「B」のものの名称を答えよ。
問3　下図の未完成部分を完成させよ。

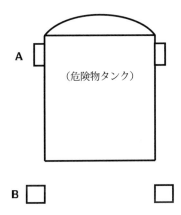

A

（危険物タンク）

B

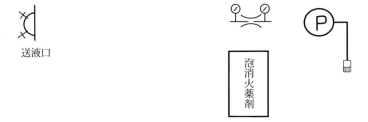

送液口

泡消火薬剤

P

解 答 欄

問1

問2

問3　　　（図中に記すこと）

# 模擬試験問題　解答と解説

## 消防関係法令

### ○ 法令・共通 ○

**問題 1** 解答 (4)

消防活動は市町村が主体となって行います。

**問題 2** 解答 (2)

消防同意は，建築物の新築・改築・修繕等について，行政庁等が予め消防長又は消防署長の同意を得ることをいいます。

**問題 3** 解答 (3)

消防設備士免状の記載事項の変更は必ず手続きが必要です。

**問題 4** 解答 (2)

消防用設備等などに関する新基準ができた場合，基本的には既設のもの・工事中のものは新基準に適合させる必要はありませんが，新基準に必ず適合させなければならない機械器具等があります。要注意です！

**問題 5** 解答 (1)

正しくは，「消防設備士は，その業務を誠実に行い，工事整備対象設備等の質の向上に努めなければならない。」となります。

**問題 6** 解答 (4)

消防用設備類の「工事」は防火管理者の業務ではありません。正しくは，「点検，整備」となります。

**問題 7** 解答 (1)

消防用設備等の設置を義務付けられた防火対象物の関係者は，設置された消防用設備等又は特殊消防用設備等について定期的に点検し，技術基準を常に維持することが定められています。

(1)の特定1階段等防火対象物は面積と係わりなく定期点検，報告の義務があります。

**問題 8** 解答 (3)

設置届は，個々の防火対象物に消防用設備等を設置したことの届けであるので，防火対象物の関係者が届を提出します。

## ○ 法令·類別 ○

**問題 9　解答** (3)

　泡消火設備は，基本的に電気設備が設置されている発電機室・通信機器室，及び多量の火気を使用するボイラー室等には適応しません。

**問題 10　解答** (4)

　飛行機又は回転翼航空機の格納庫，屋上の回転翼航空機・垂直離着陸航空機の発着場がこれに該当します。

**問題 11　解答** (4)

　1階は床面積500 $m^2$以上から設置義務が生じます。

**問題 12　解答** (3)

　自動車の修理整備部分は，地階及び2階以上の階は床面積200 $m^2$以上から設置義務が生じます。

**問題 13　解答** (1)

　手動起動装置を駐車場等に設ける場合は，放射区域ごとに1個を設ける定めです。

**問題 14　解答** (3)

　放射用具格納箱は，ホース接続口から3 m以内に設けます。

**問題 15　解答** (2)

　床面積1 $m^2$当たりの放射量は，6.5 L/分です。

## 基礎的知識

## ○ 機械に関する基礎的知識 ○

**問題 16　解答** (4)

　絶対圧力には，負（－）がありません。

**問題 17　解答** (1)

　$0.19625\,m^2 \times 0.4\,m/s = 0.0314\,m^2 \times X\,m/s$

　P22・P29参照ください。

**問題 18　解答** (1)

　直角二等辺三角形の辺の比は1：1：$\sqrt{2}$（斜辺）であるので，

　$F_1$（＝$F_2$）と合力との辺の比は1：$\sqrt{2}$となり，合力は10 N $\times\sqrt{2}$となります。

　したがって，$10\,N \times 1.41 = 14.1\,N$となります。

**問題 19** 解答 (3)

仕事量 ＝ 500 N × 7 m ＝ 3500 〔N・m〕 となります。

仕事量は，1 N・m ＝ 1 J であるので，3500 J となります。

仕事の単位には J （ジュール）が使われます。慣れておきましょう。

**問題 20** 解答 (3) (☞ P41)

等分布荷重は，鋼材等の中央に全荷重がかかるものとして算出します。

$M = 1$ m × 20 N　　$M = 20$ N・m

**問題 21** 解答 (1)

可鍛性は減少するか又はなくなる。

## ○電気に関する基礎的知識○

**問題 22** 解答 (3)

算出の仕方：①40 Ωと40 Ωの並列部分の合成抵抗値を算出し，②その合成抵抗値と20 Ωの並列部分を算出します。③最後は直列の計算となります。オームの法則から60 V ÷ 20 Ω ＝ 3 A

**問題 23** 解答 (4)

合成抵抗を求め，次にこの回路に流れている電流値を求めます。

▸合成抵抗値：7 ＋ 10 ＋ 3 ＝ 20 Ω

▸全体の電流値：100 ÷ 20 ＝ 5 A となります。

抵抗が直列接続であるので，10 Ωの所も 5 A が流れています。

10 Ω部分の電圧は，5 A × 10 Ω ＝ 50 V となります。

**問題 24** 解答 (2)

力率とは，皮相電力と有効電力の比です。

$$力率（\%） = \frac{有効電力}{皮相電力} \times 100$$

**問題 25** 解答 (1)

下記算式に，それぞれの数値を入れます。

$$Z = \sqrt{R^2 + (X_L - X_C)^2} = \sqrt{4^2 + (8-5)^2} = \sqrt{25} = 5$$

したがって，5 〔Ω〕となります。

# 構造・機能・規格 及び 工事・整備の方法

## ○構造機能・機械○

**問題 26　解答** (3)

ポンプ内の空気のため，正常な吐出しができない。

**問題 27　解答** (2)

呼水装置の呼水槽は，専用としなければなりません。

**問題 28　解答** (4)

子弁は，装置本体を作動させないで警報装置等の作動を確認するためのものです。

**問題 29　解答** (1)

加圧送水ポンプの二次側と一次側との間を連結するバイパス管を設けて混合する方式がポンププロポーショナーの特徴です。

**問題 30　解答** (2)

泡ヘッドの発泡倍率は，放射圧力に関係します。

**問題 31　解答** (3)

泡消火薬剤は検定の対象品です。

**問題 32　解答** (3)

低発泡・高発泡は泡放出口により決まります。

**問題 33　解答** (1)

「1動作で行えるものとする」と定められています。

**問題 34　解答** (4)

ＡＢＣＤすべての項目が正しい。

**問題 35　解答** (3)

水圧の一部が貯蔵タンクに加わるので，この方式の貯蔵タンクは耐圧型の容器にする必要があります。

## ○構造機能・電気○

**問題 36　解答** (4)

非常電源回路は他の電気回路と開閉器を共用することはできません。

**問題 37　解答** (1)

コイルの巻き数に比例します。

**問題 38** 解答 (1)

耐火配線としなければならない。

**問題 39** 解答 (3)

(3)：電圧のプラスマイナス10 %の範囲内で変動しても機能に異常なく充電できるものであることが定められています。

**問題 40** 解答 (3)

ナトリウム・硫黄電池は2ボルトです。

**問題 41** 解答 (2)

B種接地工事の接地線の太さは，直径4 mm以上です。

## ○規　格○

**問題 42** 解答 (2)

ＡＣが正しい。Ｂは呼びで40以上が正解。

**問題 43** 解答 (1)

一斉開放弁の二次側配管が正しい。

**問題 44** 解答 (3)

低発泡は膨張比20以下である。

**問題 45** 解答 (4)

容易に操作できる位置が原則である。

## 実技試験

## ○鑑別等試験○

**鑑別 1** 解答

1：ウォーターポンププライヤー … ボルトやナット等の締付け，脱着等に用いる。

2：ハクソー … 金属部材の切断に用いる。（金切　鋸（かなきりのこ（ぎり））ともいう）

**鑑別 2** 解答

Ａ：泡試料コンテナ台 … 泡試料コンテナを載せる台

Ｂ：ストップウォッチ … 泡の25%還元時間の測定に用いる。

**鑑別 3** 解答

Ａ：(イ)　Ｂ：(ロ)　Ｃ：(ロ)　Ｄ：(イ)　Ｅ：(ロ)

**鑑別 4** 解答

　　① レジューサー（異径ソケット）　② エルボ　③ フランジ
　　④ チーズ　　⑤ ニップル

**鑑別 5** 解答

　　名　称　フォームヘッド
　　部分名　**イ**：空気吸入口　**ロ**：金網　**ハ**：デフレクター

# ○ 製 図 試 験 ○

## 製図 1

①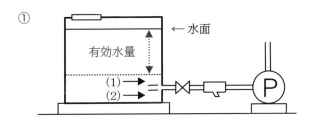

　　(1)の間隔：1.65$D$ 以上　　(2)の間隔：150mm以上

②　$D$：吸込み管の内径

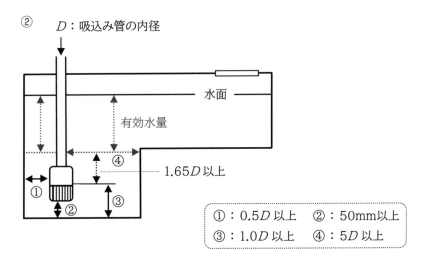

　　①：0.5$D$ 以上　　②：50mm以上
　　③：1.0$D$ 以上　　④：5$D$ 以上

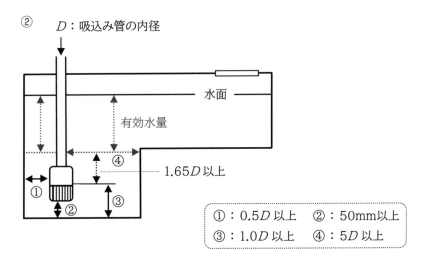

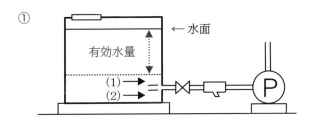

**製図** 2

> 問1　エアフォームチャンバー　（泡チャンバー）
> 問2　試験口
> 問3　（下図のとおり）

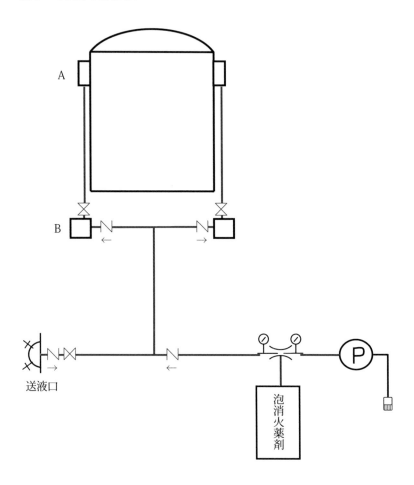

A

B

送液口

泡消火薬剤

P

# 索 (さくいん) 引

# 写真資料協力会社　　＜五十音順＞

株式会社アタゴ

株式会社岩崎製作所

上田消防建設株式会社松山店

オーエスジー株式会社

株式会社大阪継手バルブ製作所

株式会社川本製作所

株式会社キッツ

京都機械工具株式会社

興亜エレクトロニクス株式会社

甲南防災株式会社

株式会社スーパーツール

千住スプリンクラー株式会社

東洋計器興業株式会社

ニッタン株式会社

能美防災株式会社

長谷川電機工業株式会社

株式会社初田製作所

深田工業株式会社

ホーザン株式会社

株式会社マキタ

株式会社松阪鉄工所

株式会社大和バルブ

ヤマトプロテック株式会社

株式会社リケン

レッキス工業株式会社

ご協力ありがとうございました

|著者紹介|

## 近藤　重昭 （こんどうしげあき）

　消防用設備・ビル関連設備の管理業務に携わりながら「設備管理セミナー室」を主宰し，諸企業の社員研修を行いつつ消防設備士をはじめとする資格者・技術者の育成にあたっている。消防設備士の全類・ビル設備関連の多くの資格を取得した著者自身の経験と，長年に渡る数多くの研修生・セミナー受講者との接触により得た資格試験への受験対策を基に，受験用教材の出版にも関わっている。

## よくわかる！第2類消防設備士試験

| 著　　　者 | 近藤　重昭 |
| --- | --- |
| 印刷・製本 | 亜細亜印刷㈱ |

| 発 行 所 | 株式会社 弘文社 | 〒546-0012 大阪市東住吉区中野2丁目1番27号 |
| --- | --- | --- |
| | | ☎　(06) 6797 - 7 4 4 1 |
| | | FAX (06) 6702 - 4 7 3 2 |
| | | 振替口座 00940 - 2 - 43630 |
| 代 表 者 | 岡﨑　靖 | 東住吉郵便局私書箱1号 |